Windig hier! Vom Kuriosum zum Mainstream

Alois Peter Schaffarczyk

Windig hier! Vom Kuriosum zum Mainstream

30 Jahre Windenergie – ein Insider erzählt

Alois Peter Schaffarczyk
Mechanical Engineering
Department
University of Applied Sciences
Kiel, Schleswig-Holstein
Deutschland

ISBN 978-3-658-44975-9   ISBN 978-3-658-44976-6 (eBook)
https://doi.org/10.1007/978-3-658-44976-6

Die Deutsche Nationalbibliothek verzeichnet diese Publikation in der Deutschen-Nationalbibliografie; detaillierte bibliografische Daten sind im Internet über https://portal.dnb.de abrufbar.

© Der/die Herausgeber bzw. der/die Autor(en), exklusiv lizenziert an Springer Fachmedien Wiesbaden GmbH, ein Teil von Springer Nature 2024

Das Werk einschließlich aller seiner Teile ist urheberrechtlich geschützt. Jede Verwertung, die nicht ausdrücklich vom Urheberrechtsgesetz zugelassen ist, bedarf der vorherigen Zustimmung des Verlags. Das gilt insbesondere für Vervielfältigungen, Bearbeitungen, Übersetzungen, Mikroverfilmungen und die Einspeicherung und Verarbeitung in elektronischen Systemen.
Die Wiedergabe von allgemein beschreibenden Bezeichnungen, Marken, Unternehmensnamen etc. in diesem Werk bedeutet nicht, dass diese frei durch jede Person benutzt werden dürfen. Die Berechtigung zur Benutzung unterliegt, auch ohne gesonderten Hinweis hierzu, den Regeln des Markenrechts. Die Rechte des/der jeweiligen Zeicheninhaber*in sind zu beachten.
Der Verlag, die Autor*innen und die Herausgeber*innen gehen davon aus, dass die Angaben und Informationen in diesem Werk zum Zeitpunkt der Veröffentlichung vollständig und korrekt sind. Weder der Verlag noch die Autor*innen oder die Herausgeber*innen übernehmen, ausdrücklich oder implizit, Gewähr für den Inhalt des Werkes, etwaige Fehler oder Äußerungen. Der Verlag bleibt im Hinblick auf geografische Zuordnungen und Gebietsbezeichnungen in veröffentlichten Karten und Institutionsadressen neutral.

Titelbild: Kai Friedrich Schaffarczyk, Kiel, Deutschland

Planung/Lektorat: Irene Buttkus
Springer ist ein Imprint der eingetragenen Gesellschaft Springer Fachmedien Wiesbaden GmbH und ist ein Teil von Springer Nature.
Die Anschrift der Gesellschaft ist: Abraham-Lincoln-Str. 46, 65189 Wiesbaden, Germany

Wenn Sie dieses Produkt entsorgen, geben Sie das Papier bitte zum Recycling.

Vorwort

Diese auf wesentliche Themen und Ereignisse fokussierte Darstellung vermittelt einen informativen und unterhaltsamen Einblick in die moderne Windkraft. Die Auswahl der Themen entspringt langjähriger Berufserfahrung und dem anhaltenden Staunen angesichts der stetigen Beschleunigung des Wachstums.

An dieser Stelle ist vielen zu danken, zu allererst meiner Familie und besonders meinem Sohn Kai, der die einleitenden Abbildungen jeweils am Kapitelanfang erstellte. Ohne den gewährten Freiraum wäre mir das tiefe Eindringen in dieses Fachgebiet sicher nicht gelungen. Viele Kollegen haben mich fördernd begleitet; stellvertretend möchte ich hier nur Sönke Siegfriedsen, Gerard Schepers, Christian Zeigerer und Axel Wiese nennen, ohne den Beitrag der vielen anderen zu schmälern.

Kiel Alois Peter Schaffarczyk
im Sommer 2024

Inhaltsverzeichnis

1	Anfang: „da Ist ein Landwirt an der Westküste …"	1
	Literatur	6
2	Aufschwung: IEA Wind TCP	7
3	Energie: Wirtschaft und Politik	13
4	Entwürfe: Ein Büro in Rendsburg entwickelt Anlagen für die Welt	19
	Literatur	22
5	Theorie: Die gibt es ja schon seit 1865	23
6	Exkurs: Über den Unterschied von Universitäten und Fachhochschulen	29
	Literatur	33
7	Bündelung: Die CEwind eG	35
8	Ausbildung: Ein neuer Studiengang „Wind Energy Engineering"	41

9	Projekt: Fahren Gegen Den Wind – Baltic Thunder	45
10	Umschau: Vorträge in (fast) aller Welt	51
11	Gäste: Besuche aus Nord-Korea und dem Iran	57
	Literatur	64
12	Forschung: Der aerodynamische Handschuh	65
13	Publizieren: Open oder Closed Access?	73
14	Entwicklung: Fast eine Kleinwindanlage in Serie	77
	Literatur	84
15	Bauen: 500 Blätter	85
16	Ausblick: Was wird kommen?	91
17	Rückblick: Windkraft vor 1990	95
	Literatur	97

1

Anfang: „da Ist ein Landwirt an der Westküste …"

Abb. 1.1 Graphical abstract zu Kap. 1

Meistens sind es eher die kleinen Zufälle, die über den weiteren Verlauf eines Lebensweges entscheiden. So ging es auch mir – ich war erst seit einem Jahr an die Fachhochschule Kiel berufen und konnte mich bei der Vorbereitung einer Vielzahl von neuen Veranstaltungen (FH-Professoren haben 18 Semester-Wochenstunden zu lehren) gerade so über Wasser halten – als ich von einem älteren Kollegen gefragt wurde: „Ein Landwirt von der Westküste (Schleswig-Holsteins) hat eine Windmühle (gemeint war eine moderne, Elektrizität erzeugende Windenergieanlage des Deutschen Herstellers ENERCON vom Typ E-30, s. Abb. 1.2), die möchte er als Ventilator nutzen, um im Frühling die Blüten seiner Obstbäume vor Frost zu schützen. Geht das?"

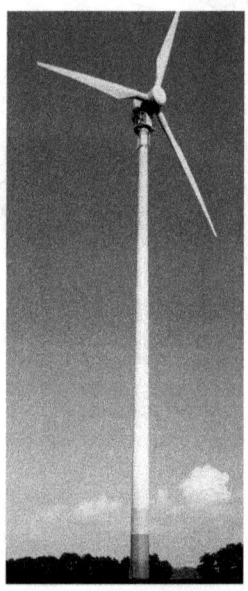

Abb. 1.2 Eine ENERCON-Anlage des Typs E-30 aus dem Jahr 1993, die auf Brauchbarkeit als Ventilator untersucht wurde. (Foto: Schaffarczyk)

1 Anfang: „da ist ein Landwirt an der Westküste ..."

Was schon dem älteren Kollegen auf den ersten Blick absurd erschien, wurde also mir als (damals) jungem, noch unerfahrenem Kollegen angedient. Auch ich reichte das Problem gern weiter, in diesem Fall an eine Studentin, die noch ihre Diplomarbeit zu schreiben hatte – und zwar, wie bei uns üblich, in Zusammenarbeit mit der „Praxis".

Die allgemeine Lage bezüglich der Windenergie war noch sehr vage und deren Zukunft mehr als unklar. In den 1980ern hatte man im Kaiser-Wilhelm-Koog (nahe Brunsbüttel, am westlichen Eingang des Nord-Ostsee-Kanals) mit sehr vielen Fördermitteln des Bundes eine „Große Windkraft Anlage" – die GROWIAN – gebaut, die aber nach nur etwas mehr als 400 Betriebsstunden wegen „Ermüdung" – Rissen in wichtigen Teilen – wieder stillgelegt und demontiert werden musste. „Groß" bedeutete damals eine „Nenn"-Leistung (die größte erreichbare elektrische Leistung) von 3000 kW[1] und einem Rotordurchmesser von 100 m). Manche Kollegen behaupten noch heute, dass dieses Projekt von Anfang an nur dazu dienen sollte, die Unmöglichkeit industrieller Windenergieerzeugung zu demonstrieren.

Einen anderen Weg ging man im benachbarten Dänemark. Die Firma VESTAS begann etwa zur gleichen Zeit wesentlich kleineren Anlagen (10 m Durchmesser und 10 bis 30 kW Leistung) erfolgreich zu verkaufen. 1984 gründete Aloys Wobben in Deutschland, genauer gesagt in Aurich, Ostfriesland die Firma ENERCON und baute eine erste Anlage E-15, eine Anlage mit 15 m Durchmesser. Der auf Ventilator-Tauglichkeit zu prüfende Typ E-30 stellte damit schon einen Entwicklungssprung dar: Verdoppelt man den Durchmesser, so vervierfacht sich die

---

[1] Zum Vergleich: Ein VW-Käfer hatte in früheren Ausführungen ca. 20 kW Motorleistung.

Leistung, eine einfache Folgerung aus der 1–2–3-Formel[2] (s. Kap. 5).

Wesentliches Unterscheidungsmerkmal zu anderen Konzepten ist der bei ENERCON über viele Jahre dominierende sogenannte „Direktantrieb" – was zugegeben klingt, als müsste der Rotor angetrieben werden, statt selbst einen elektrischen Generator zur Strom**erzeugung** anzutreiben. „Direkt" bedeutet hier, dass die Verbindung Rotor zu Generator direkt ist und nicht über ein zwischengeschaltetes Getriebe erfolgt. Da elektrische Generatoren (sie werden von außen angetrieben und geben Energie ab) im Aufbau gar nicht so verschieden sind von Motoren (diese nehmen Energie auf und treiben z. B. einen Rotor – in diesem Fall Propeller genannt – gegen Widerstände an), scheint die Idee, aus einer Turbine (nimmt den Wind auf und gibt Energie ab) einen Ventilator (nimmt Energie auf und gibt „Wind" ab) zu machen, doch nicht ganz so abwegig und wäre – unter Umständen – „prinzipiell" machbar.

Zunächst musste geprüft werden, ob wir einen Versuch überhaupt wagen konnten und durften, also den Generator als Motor betreiben darf und kann, d. h. ob mit einer einigermaßen kleinen Antriebsleistung (maximal 330 kW, der Nennleistung der energieerzeugenden Anlage) ein Luftstrom von ausreichender Stärke und Reichweite erzeugt werden konnte, um die bodennahe kalte Luft von den zu schützenden Blüten zu verblasen.

Hier hilft nur ein „Modell", also eine mathematisch formulierte Theorie des Rotors. Zum Glück hatte ich zum Abschied nach meiner Tätigkeit in der Industrie einen

---

[2] Wer diese Formel, wir sprechen lieber von Gleichungen, genauer kennenlernen möchte, sei auf die vielen Lehrbücher, z. B. Introduction to Wind Turbine Aerodynamics (Schaffarczyk 2024) verwiesen.

1 Anfang: „da ist ein Landwirt an der Westküste …"

„Führer durch die Strömungslehre" bekommen, der auch ein winziges Kapitel über „Windräder" enthielt. Dessen Autor Ludwig Prandtl, der international renommierte und fast mit dem Nobelpreis bedachte Begründer der modernen Strömungsmechanik, hatte seit den 1940er Jahren diesen bezeichnenden Titel gewählt; die erste Auflage (1931) hieß noch „Abriss der Strömungslehre", die aktuelle 15. Auflage 2022 trägt den Namen „Prandtl – Führer durch die Strömungslehre" (Oertl 2022). Ich gehe auf dieses Werk, das immer noch maßgeblich in Aerodynamik der Windturbinenblätter (Schaffarczyk 2024) wiederzufinden ist, und die Person des Autors, die erst 2017, also mehr als 60 Jahre nach seinem Tod in einer wissenschaftlichen Biographie gewürdigt wurde, später in Kap. 5 ein wenig ein. Allerdings muss ich zugeben, dass diese wenigen Seiten nur die Spitze des Eisberges einer verblüffend umfangreichen theoretischen Landschaft waren, die zu erkunden es für mich damals noch zu etwas zu früh war – die Vorlesungen mussten erst sitzen, da die Verbeamtung auf Lebenszeit noch eine weitere erfolgreich zu absolvierende Lehrprobe erforderte.

Die Studentin modellierte also mehr oder weniger auf sich allein gestellt weiter und bekam heraus, dass zu viel Leistung (Megawatt) nötig wäre, um zu wenig Luftstrom nach unten zu bewegen. Einen echten Versuch hätte natürlich niemand riskiert; der Hersteller hätte auch nie dafür die Betriebserlaubnis erteilen dürfen. Sehr viel später, als es ein Lehrbuch über Windturbinenaerodynamik (Schaffarczyk 2024) zu verfassen galt, sollte ich mich aber an diese irgendwie unvollständig gebliebene Diplomarbeit erinnern. Die Problemstellung konnte nun besser und genauer in den Kontext bekannter und durch Computerprogramme leichter handhabbare Theorien gestellt werden und ist in meinem Lehrbuch nun als Übungsaufgabe 5.1 unter dem Namen „Strange-Farmer-Problem" manifest.

Literatur

Oertl H (2022) Prandtl – Führer durch die Strömungslehre. Springer Vieweg. https://doi.org/10.1007/978-3-658-27894-6

Schaffarczyk A P (2024) Introduction to Wind Turbine Aerodynamics, Springer 2024. https://link.springer.com/book/10.1007/978-3-031-56924-1

2

Aufschwung: IEA Wind TCP

Abb. 2.1 Graphical abstract zu Kap. 2

Mitte der 1990er Jahre erlebte die Windenergie eine bemerkenswerte Metamorphose. Die damals noch recht kleine Industrie schickte sich an, die ersten kommerziellen (im Gegensatz zu Prototypen für die Forschung, die es schon länger gab) Megawatt(MW)-Anlagen zu entwickeln und zu verkaufen. Interessanterweise spiegelte sich dieser Aufschwung auch in der Forschung wider und zwar in einer schon über-europäischen, globalisierten Form, der sog. IEA Wind TCP (kürzer: IEAwind) wieder. Die Abkürzungen bedeuten: *International Energy Association, Wind(energy) Technology Collaboration Programme*. Die IEA als Dachorganisation wurde vor fast 50 Jahren (November 1974) von 16 Ländern als Folge der Ölkrise 1973 (Ältere erinnern sich an die autofreien Sonntage und den danach rasant ansteigenden Ausbau der Kernenergie) in Zusammenhang mit der OECD (Organisation für wirtschaftliche Zusammenarbeit und Entwicklung) gegründet. Es heißt, dass Helmut Schmidt maßgeblich daran beteiligt gewesen sein soll. Inzwischen ist die IEA vor allem durch ihren jährlich erscheinenden World Energy Outlook bekannt. Ihr auszeichnendes Merkmal ist die Struktur der Projekte (die in diesem Zusammenhang „tasks" genannt und durchnummeriert werden). Mitgliedsstaaten (!) entsenden Personen, die sich auf ein gemeinsames Thema einigen und dieses in meist drei Jahre andauernde Perioden bearbeiten. Die erste Task wurde schon 1997 emittiert und befasste sich mit „Environmental and Metrological Aspects of Wind Energy Conversion Systems". Die Projektleitung (hier Operating Agent genannt) war das National Swedish Board for Energy Source Development. Die zurzeit jüngste Task hat die Nummer 54 und trägt den schlichten Namen „Cold Climate Wind Power". Der von mir persönlich überschaubare Zeitraum beginnt mit Task 11 (Basic Information Exchange), wobei schon hier ein Schwerpunkt auf aerodynamische Fragestellungen gelegt wurde. So ist es auch jetzt: Task 47 TURBINIA (TURBulent INflow Innovative Aerodynamic) beschäftigt sich mit der Frage, wie die sehr aufwendigen Messungen an MW-Anlagen ausgewertet können, um damit die Entwurfs- und Analysewerkzeuge – also umfangreiche *software tools* – genauer zu machen. Dass dies immer noch so kompliziert ist und umfangreiche Forschungsanstrengungen erfordert, obwohl erste Verfahren schon fast 100 Jahre bekannt sind, liegt zu einem wesentlichen Teil in der äußerst turbulenten Natur des Windes selbst. Die wissenschaftliche, mathematische Modellierung ist immer noch nicht vollständig (zumindest nach Meinung einer großen Zahl der auf diesem Gebiet Forschenden), was auch darin seinen Ausdruck findet, dass dieses sogenannte Turbulenzproblem eines der sieben Millenium Price Problems ist. Einfacher ausgedrückt: Wer um die Genauigkeit von Wettervorhersagen weiß (ziemlich gut für zwei Tage), wird sich nicht über den wilden, chaotischen Verlauf der Windgeschwindigkeit mit der Zeit (Minuten, Stunden bis hin zum Jahresgang) wundern. Für den Vergleich von Messungen (im Wesentlichen der Leistung und der Widerstandskraft als Funktion der Windgeschwindigkeit) mit den Modellen bedeutet dies, Mittelwerte zu bilden, die allerdings sehr stark schwanken. Das Verhältnis aus Schwankung zu Mittelwert wird passend Turbulenzintensität genannt. Die typischen Zahlenwerte für diese Intensität sind wenige (offshore) bis zweistellige (hügelige Waldgebiete) Prozente. Glücklicherweise ist die Situation nicht ganz so ausweglos, wie es scheint, denn durch Intuition und auch Glück lassen sich vereinfachte (ingenieurmäßige) Modelle schaffen, die einfach und genau, also praktisch sind. In Fachkreisen spricht man vom Blattschnittverfahren, das den Flügel (das Blatt) senkrecht zu seiner Achse in Schnitte zerlegt, die mit einfacheren Methoden der Flugzeugflügelaerodynamik (also zweidimensional) beschrieben werden sollten.

Bekannte Unzulänglichkeiten (an der Blattwurzel und -spitze) werden durch empirische Korrekturen entschärft. Viele – wenn nicht die meisten – Berechnungen, die für Analyse und Entwurf notwendig sind, beruhen immer noch auf diesem Ansatz. Da nun aber die Anlagen inzwischen die 20-MW-Grenze erreichen sollen (der zurzeit leistungsstärkste Prototyp hat 16 MW), sind die Anforderungen an die Genauigkeit der *performance prediction,* also die Vorhersage der Kenndaten von Leistung und Belastungen gestiegen. Was tun? Genau das wurde in den vielen tasks mit ihren jährlichen Plenarsitzungen untersucht und diskutiert. Geht man davon aus, dass die Antwort auf das Millenium-Turbulenz-Problem positiv ist, d. h. die grundlegenden Gleichungen sind die sog. Navier–Stokes-Gleichungen, wäre die Untersuchung nur eine riesige Rechenaufgabe, allerdings selbst in unserer Zeit mit fast unvorstellbar leistungsstarken Rechnern nicht in vertretbarem Aufwand, gemessen in CPU-Stunden, machbar. Kaum zu glauben, aber wahr! Daher suchte man in diesen IEAwind Tasks nach vereinfachten Turbulenzmodellen, die genauer sind als die Blattschnittverfahren, aber deutlich geringer im Rechenaufwand als die mehr oder weniger exakten direkten numerischen Simulationen (DNS).

Wieviel näher ist man diesem Ziel inzwischen, d. h. in den letzten 30 oder 50 Jahren, gekommen? Um es vorsichtig auszudrücken: Nimmt man die publizierten Endergebnisse der Task 29 (Vorläuferin von Task 47 mit dem Namen *Detailed Aerodynamics of Wind Turbines*) aus dem Jahr 2023 als beispielhaft an, so möchte ich behaupten, dass die neueren Verfahren (RANS – *Reynolds Averaged Navier–Stokes*; in etwa: stark gemitteltes DNS) **etwas** genauer sind. Ausführlichere Beschreibungen und Begründungen dieser Behauptung (oder Ergebnisse) findet man nur in den umfangreichen Abschlussberichten – meine

Kollegen mögen mir an dieser Stelle die etwas pessimistische Sichtweise verzeihen.

Letztlich zeigt dies meines Erachtens aber nichts anderes, als dass Fortschritt doch eben nur eine Schnecke ist und dass internationale Zusammenarbeit über Europa hinaus der einzige sinnvolle Weg ist, möglichst viele an einer weiteren positiven Entwicklung der Windenergieforschung teilhaben zu lassen.

3

Energie: Wirtschaft und Politik

Abb. 3.1 Graphical abstract zu Kap. 3

In Kap. 2 wurde schon ein wenig sichtbar, wie eng Wirtschaft und Politik – auch schon in der früher eher unbedeutenden – Windenergie miteinander verwoben sind. Diese Feststellung mag heute trivial erscheinen, nachdem wir alle im Jahr 2022 die Großhandelsgaspreise (für Erdgas) von unter 50 €/MWh auf über 350 €/MWh steigen sahen. Zur Orientierung: Ein nicht untypischer Haushalt verbraucht ca. 20 MWh pro Jahr nur zum Heizen. Auf den ersten Blick scheint Windenergie, die überwiegend der Erzeugung von Elektrizität *(Strom)* dient, zwar nichts damit zu tun haben, doch ist allgemein bekannt, dass Wärmepumpen die klassischen Gasheizungen zu einem großen Teil ersetzen sollen. Energie ist das, was früher Sklaven oder Tiere erledigt haben (hat ein Kollege einmal so drastisch formuliert) und wird nun als wirtschaftliches Gut behandelt. Allein die deutsche Energiebranche soll z. B. 2018 einen Umsatz von ca. 600 Mrd. Euro erwirtschaftet haben, das waren ca. 15 % des gesamten Bruttoinlandsproduktes.

An dieser Stelle ein Hinweis: Dieses Buch wird nicht ganz ohne Zahlen auskommen. Diese sind nach bestem Wissen und Gewissen geprüft, können (und sollen) aber nicht den Leser oder die Leserin davon entbinden, selbst zu recherchieren und alle quantitativen Angaben auf Glaubwürdigkeit zu prüfen. (Ich hoffe, dass eventuelle Abweichungen innerhalb einer tolerierbaren Marge von wenigen Prozent liegen; sie jedenfalls so genau sind, dass meine darauf basierende Argumentation nicht in sich zusammenfällt.)

Preise entstehen in einer Marktwirtschaft durch Ausgleich bzw. das Verhältnis von Angebot und Nachfrage. Der Markt, also die fiktive Stelle, an der dieser Ausgleich stattfindet, kann dabei völlig frei (von Regeln) sein – was immer das heißen mag –, er kann vollständig staatlich reglementiert sein oder jede Ausprägung zwischen diesen

Polen haben, letzteres könnte als *Marktdesign* bezeichnet werden. Nachfolgend einige Zahlen, um die charakteristischen Größenordnungen des Energieverbrauches[1] darzustellen: Zurzeit zahlen normale Bürger mit normalem Verbrauch (z. B. 3 MWh/Jahr) pro kWh (Kilowattstunde, d. h. die Leistung von einem kW wirkt eine Stunde lang, um *Arbeit* zu verrichten) ca. 50 €ct/kWh (umgerechnet 500 €/MWh). Es sei dahingestellt, ob das viel oder wenig ist, man kann es auf der eigenen Jahresabrechnung ablesen und dann selbst bewerten. Im Vergleich dazu wäre es nur zu wichtig zu wissen, was die Erzeugung (besser: Umwandlung) einer solchen kWh in der Herstellung kostet, am besten noch aufgeschlüsselt nach genutzten Energieträgern wie Kohle, Gas, Wind, Wasser, Sonne oder andere. Für den Gasmarkt liefert die Bundesnetzagentur hier in sehr übersichtlicher und einfach zugänglicher Form tagesaktuelle Preise für börsengehandelte Kontingente. Für Strom kommt hier die Europäische Strombörse (EEX) in Betracht, wobei hinzugefügt werden muss, dass nicht der gesamte in Deutschland erzeugte Strom (2023: ca. 500 TWh, 1 TWh = 1 Mio. MWh) an der Börse gehandelt wird; manche Großverbraucher kaufen direkt bei großen Erzeugern. Bedingt durch den Ukraine-Krieg folgte eine Krise auf dem Energiemarkt, die in einer Preisspitze Mitte 2023 von über 1200 €/MWh an der EEX gipfelte. Zum Vergleich seien die durchschnittlichen Großhandelspreise für 2022 bzw. 2023 genannt: 235 bzw. 95 €/MWh (Quelle: Bundesnetzagentur). Noch günstiger war es vor 2020 mit Preisen von unter 50 €/MWh.

---

[1] Als Physiker weiß man, dass Energie nicht verbraucht werden kann, da ein EnergieERHALTUNGSsatz gilt. Wir verwenden daher diesen Ausdruck im üblichen, umgangssprachlichen Sinn einer Änderung der Energieform z. B. in Wärme.

Doch wie sieht die Aufschlüsselung nach Gattung aus? Hier eine bestimmte Zahl zu nennen, wäre unredlich angesichts der sehr verschiedenen Quellen samt der dahinter verborgenen Berechnungsschemata. Würde man dies (wie es Physiker nur zu gern tun möchten) als Messprozess betrachten, so käme eine Angabe wie Mittelwert plus/minus Schwankung zustande, eher gebräuchlich ist ein „von – bis"-Zahlenpaar, dem ich aber eher zurückhaltend gegenüberstehe. Versuche ich es trotzdem (inklusive einer pauschalen und willkürlichen Schwankung von 10 % des Mittelwertes), so möge als Anhalt dienen (wir sprechen immer noch über Stromerzeugungskosten in € pro MWh):

- Nuklear neu/alt: 70/30,
- Kohle ohne/mit CO_2 Abscheidung und Speicherung (CCS = *Carbon Capturing and Storage*): 90/110,
- Wind on/offshore: 50/90 und letztlich
- PV in Groß- oder Heimerzeugung: 60/120.

Folgendes ist dabei nicht außer Acht zu lassen: Wind und Sonne lassen sich nicht steuern (wenn auch mit gewissen Wahrscheinlichkeiten vorhersagen) wie das Verbrennen von fossilen Energieträgern oder das Spalten on Urankernen. Daher muss für die allseits gefürchtete *Dunkelflaute* vorgesorgt werden: Gerade unlängst hat die Bundesregierung den Bau von 10 oder 20 GW (= Gigawatt = 1 Mrd. Watt) Gaskraftwerksleistung als Sicherheit beschlossen, die über ein Jahr gemittelte Leistung aller Kraftwerke beträgt in Deutschland etwa 60 GW. Ehrlicherweise müsste man diese Kosten den fluktuierenden, also schwankenden Energieerzeugern wie Wind und Sonne zurechnen. Aber das ist Kostenrechnung oder vielleicht auch Politik, genau wie die Zuordnung von CO_2–(Emissions-)Kosten bei fossilen Energieträgern.

3 Energie: Wirtschaft und Politik

Eine Besonderheit des Stromhandelsmarktes ist das sog. Merit-Order (in etwa: Reihenfolge des Vorteils). Es handelt sich um eine Methode der Preisfeststellung bei verschiedenen Erzeugern mit sehr verschiedenen Preisangeboten. Innerhalb eines gewissen Zeitraumes (z. B. eine Stunde) soll eine gewisse Leistung – nehmen wir wieder die 60 GW als Beispiel – bereitgestellt werden. Alle Anbieter können vorher ein Angebot (in €/MWh) abgeben. Nehmen wir fiktiv an, dass der günstigste Erzeuger zu 10 €/MWh anbietet, so bekommen nun nachfolgend alle weiteren Anbieter in aufsteigenden Preisen den Zuschlag, bis die geforderten 60 GW zusammengekommen sind. Nehmen wir weiter an, dass die letzten, unter Umständen sehr wenigen, GW teuer sind (z. B. 130 €/MWh), so bestimmt das Merit-Order-Prinzip nun die zu erstattenden Beträge an ALLE Anbieter zu diesem höchsten Preis; in unserem Fall heißt dies, dass an jeden Anbieter 130 €/MWh gezahlt werden müssten. Es ist klar, dass mögliche Begründungen – auch Kritiken – aus dem volkswirtschaftlich-politischen Raum kommen, und hier – mangels Kompetenz des Autors – nicht weiter ausgeführt werden sollen. Ziel jedes Marktdesigns sollte es aber sein, den Ausbau erneuerbarer Energie zu unterstützen, daher wird über eine Modifikation der ursprünglichen Ausgestaltung nachgedacht.

Natürlich gibt es auch noch andere Verfahren der Preisbildung für aus Wind (und anderen regenerativen Quellen) hergestellten Strom: Am Anfang (im Jahr 2000 mit dem EEG (Erneuerbare Energien Gesetz)) musste Windstrom vorrangig zu einem festen Entgelt, das deutlich über den Markpreisen lag, in das Netz eingespeist werden. Ab 2017 wurde ein Ausschreibungsmodell formuliert, in dem an ausgewiesenen Standorten eine gewisse Leistung (und Ertrag) erbracht werden sollte und der Zuschlag nach der niedrigsten „gesetzlich garantierten Vergütung" über die gesamte Laufzeit (typischerweise 20 Jahre) erfolgte.

Derzeit besteht in Europa breite Übereinstimmung, dass eine Abhängigkeit von Energieimporten (die USA sind zurzeit wohl von Energieimporten unabhängig) zu vermindern ist. Versorgungssicherheit ist ein wichtiges Merkmal, das nicht leicht in Marktmodelle einzubeziehen ist. Eine europäische Maßnahme, die in der Esbjerg Declaration formuliert wurde, besteht in der gemeinsamen Entwicklung von (mindestens) 150 GW off-shore Windenergie durch Nordsee-Anrainer. Das könnte die Hersteller freuen, nur leider sehen sich viele besonderen Herausforderungen gegenübergestellt, was zum Teil auch mit den enorm gestiegenen Preisen für Stahl und anderen Grundstoffen zu tun hat. Nichtsdestotrotz ist die Branche zuversichtlich, bis 2030 das nächste Terawatt bereitzustellen, obwohl für das erste 40 Jahre gebraucht wurden. Es bleiben (positiv) aufregende Zeiten!

4

Entwürfe: Ein Büro in Rendsburg entwickelt Anlagen für die Welt

Abb. 4.1 Graphical abstract zu Kap. 4

Sönke Siegfriedsen gründete am 13. Juli 1983 in Damendorf die *aerodyn Energiesysteme GmbH* zur Entwicklung von Energieerzeugungsanlagen, wobei „Der Anfang mit viel Mut und wenig Plan" (so Gründer Sönke Siegfriedsen) war. 1996 klopfte ein etwas schüchterner Student an meine Bürotür und fragte: „Ist hier die Uni? Hier soll jemand Strömungssimulation machen können.". Die Antwort lautete: „Nein, hier ist nur die FH, aber Sie dürfen trotzdem eintreten – was möchten Sie denn simulieren?". Im weiteren Gespräch stellte sich heraus, dass ein Student der angesehenen Universität Stuttgart eine Diplomarbeit in der noch jungen Windenergiebrache verfassen wollte und dabei an die aerodyn GmbH als einem der wenigen Unternehmen, die sich damit befassten, geraten war. Deren Geschäftsführer Siegfriedsen hatte eine Idee dazu und somit machte sich besagter Student auf den Weg nach Kiel zu meinem „Labor für Numerische Mechanik". Die Idee war zu untersuchen, ob sich die neuen Methoden eignen könnten, eine Windturbine genauer zu modellieren als die bis dahin bekannten Blattschnittverfahren (s. Kap. 2), die in mehr oder weniger aufbereiteten Versionen des „prop-" oder „FLEX-"Codes (einfachste, noch in FORTRAN programmierte Programme) verbreitet waren. Verlockend an CFD (Computational Fluid Dynamics, auf Deutsch: Strömungssimulation) ist, dass „nur" die Geometrie, also die Form des Flügels benötigt wird, um die Strömung um den Flügel zu bestimmen, um daraus das Leistungsvermögen (für den zu erzeugenden Strom) und die einwirkenden Kräfte (zur Bemessung der Materialstärken) abzuleiten. Angesichts der in Kap. 2 beschriebenen umfangreichen und aufwendigen Forschungsarbeiten war das natürlich sowohl vom Firmeninhaber, als auch von Student und Professor fast hoffnungslos naiv. Aber irgendwo muss man anfangen! Die Ergebnisse waren zunächst bescheiden, sodass man sich in der aerodyn doch

4 Entwürfe: Ein Büro in Rendsburg entwickelt …

auf die bekannten und bewährten Blattschnittmethoden besann.

Nichtsdestotrotz haben diese Simulationen viele Vorteile, vor allem sind sie sehr viel schneller und günstiger im Vergleich zu Messungen, deren Ergebnisse meist als ultimative Wahrheit angesehen werden. Aber auch hier gilt wie für jede theoretische Betrachtung:

1. Man kann nichts berechnen, was man nicht verstanden hat und
2. Beginne eine Berechnung erst, wenn Du das Ergebnis schon kennst.

Auf dieser Basis entwickelte sich eine zwanglose und fruchtbare Zusammenarbeit, in der wir immer wieder mit ungewöhnlichen und interessanten Fragestellungen konfrontiert wurden, die es mit unkonventionellen Ansätzen anzugehen galt. Prägender für die folgenden Jahre war aber der enorme wirtschaftliche Aufstieg Chinas, der auch die Windenergie einbezog, da jede Form der Energieerzeugung willkommen war und der Windenergie ein gewisser Vorteil zu Teil wurde, weil sie relativ schnell zur Verfügung gestellt werden konnte.

Inzwischen sind sechs der zehn TOP10-Windenergieanlagenhersteller in China beheimatet und dessen Markt wird mit ca. 70 GW jährlichem Zubau weiterhin als der größte Einzelmarkt weltweit angesehen. aerodyn hat daran maßgeblich mitgewirkt; zeitweise (30 Jahre aerodyn) betrug der Anteil der Entwürfe von aerodyn mehr als 12 % an der gesamten weltweit installierten Leistung (250 GW), noch vor so klingenden Namen wie General Electric und Enercon und nur übertroffen von Vestas (einem dänischen Hersteller). Natürlich ist das lange her, aber die Innovationskraft ist ungebrochen: Zusammen mit EnBW und dem chinesischen Hersteller Ming Yang smart Energy wird

Abb. 4.2 nezzy2-Konzept. (Foto: Sönke Siegfriedsen. Mit freundlicher Genehmigung der aerodyn engineering Gmbh)

zurzeit ein knapp 17-MW-Prototyp mit dem klingenden Namen nezzy2 errichtet. Das Besondere an dieser Anlage ist das Doppelrotorprinzip, bei dem zwei gegenläufige Rotoren in einer Ebene installiert sind (Abb. 4.2).

Unzweifelhaft ein Paradies für angewandte Strömungsmechanik und Simulation.

Literatur

Siegfriedsen, S., Jensen, D., Fischer, M. (2013) 30 Jahre aerodyn : den Wind der Welt einfangen (Deutsch, Englisch, Chinesisch), Aerodyn Energiesysteme GmbH. ISBN: 9783000443220

5

Theorie: Die gibt es ja schon seit 1865

Abb. 5.1 Graphical abstract zu Kap. 5

Alle Analyse- und Entwurfsverfahren müssen auf soliden theoretischen Grundlagen beruhen, das ist mit „Man kann nur berechnen, was man schon verstanden hat" gemeint. Leider wird zu oft von einem spaltenden Gegensatz von „Theorie" und „Praxis" gesprochen, dabei bilden beide Ansätze eine sich gegenseitig befruchtende und korrigierende Einheit. Sicher liegt dies zum einen an der von Theoretikern gern benutzten Sprache der Mathematik, die leider von vielen nicht gut verstanden wird, zum anderen müssen sich aber manche Theoretiker den Vorwurf gefallen lassen, nicht oft und einfach genug mit den Praktikern, den Anwendern, zu sprechen und sich zu erklären.

Viele Theoretiker halten es mit Herman von Helmholtz (oder James Clark Maxwell), die gesagt haben sollen: „Es gibt nichts Praktischeres als eine gute Theorie". Fraglich ist allerdings, was in diesem Zusammenhang „gut" und „schlecht" – also philosophische Begriffe – bedeuten mögen.

Als typisches Beispiel für eine „gute" Theorie soll hier die Grundlage des Blattschnittverfahrens (s. Abb. 5.2) vorgestellt werden. Die Modellbildung beginnt damit, dem Wind eine Leistung in Form einer Formel zuzuordnen. Sie soll hier nicht mathematisch dargestellt werden, sondern das Wesentliche in Worten beschrieben werden: Die wichtigen Größen sind die

- Dichte der Luft (etwa 1,2 kg/m^3, abhängig von Luftdruck und Temperatur), überstrichene Fläche des Rotors (etwa 0,7 D^2) und
- Windgeschwindigkeit erhoben zur dritten Potenz.

Verdoppelt man den Durchmesser, so vervierfacht sich die Leistung, während die Verdoppelung der Windgeschwindigkeit eine Ver**acht**fachung der Leistung ergibt. In Anbetracht der Exponenten in den drei Größen (Dichte,

5 Theorie: Die gibt es ja schon seit 1865

Durchmesser und Windgeschwindigkeit) spricht man gern von der 1-2-3-Formel. Insbesondere die starke Abhängigkeit von der Windgeschwindigkeit hat viele Erfinder inspiriert, mit mehr oder weniger sinnvollen Zusätzen an den Rotoren eine Art Trichterwirkung herbeizuführen, um so den zugeführten Wind zu beschleunigen. Konzeptionell interessant, aber leider nicht praktikabel in dem Sinne, dass der Zusatzaufwand ökonomisch sinnvoll ist. So betrachtet sind viele unkonventionelle Ideen nicht zur Realität geworden. Selbst nur ein elementares Verständnis der Strömungsmechanik zu gewinnen, ist harte Arbeit. Es allerdings für jede Art Modellbildung unablässig.

Kennt man die Leistung des Windes, so ist naheliegend nach dem größten Wirkungsgrad einer Windturbine zu fragen, d. h. ob und wie man möglichst viel (100 %?) Leistung aus dem Wind nutzen, also z. B. zum Antreiben eines elektrischen Generators bewegen kann. Die Antwort auf diese Frage mag überraschen: Nur 16/27, also knapp 60 % sind möglich, nicht aber 100 %. Dieser um 1920 formulierte Wert wird zu Ehren von Albert Betz, Betz'scher Grenzwert genannt (obwohl auch andere, z. B. der russische Aerodynamiker Joukowski) gerechtfertigten Anspruch auf diesen Titel hätten). Wissenschaft ist ganz selten das Werk Einzelner. In diesem Fall beginnt die Modellbildung 1865 mit William Rankine, dessen Arbeit den schönen Titel „On the Mechanical Principles of the Action of Propellers" (Rankine 1865) (etwa: Über die mechanischen Prinzipien der Wirkung von Propellern) trägt. Bekanntlich dient ein Propeller (etwa an Flugzeugen) dazu, Wind zu erzeugen, also Luft mittels eines Motors zu beschleunigen, um Schub zu erzeugen, während eine Turbine genau das Gegenteil macht, nämlich dem Wind Energie entzieht, notwendigerweise also, indem die Geschwindigkeit desselben vermindert wird. Dies ist ein Beispiel für den Nutzen einer „guten" Theorie: Sie kann scheinbar auf andere Fälle übertragen und angepasst werden, ist also umfassender als ursprünglich gedacht.

Allerdings ist das Wissen um einen maximalen Wirkungsgrad zwar gut, um den einen oder anderen Erfinder mit der Unmöglichkeit seiner Idee zu konfrontieren, wenn herauskommt, dass der Wirkungsgrad größer als 60 % ist, aber konstruktiv im Sinne einer Bauanleitung von Flügeln ist das noch lange nicht. Dazu bedarf es der quantitativen Kenntnis von recht subtilen Zusammenhängen von Strömung und Kräften. Insbesondere die Erklärung und Beschreibung von Kräften senkrecht zur Anströmung, dem sogenannten dynamischen Auftrieb, der für das Fliegen unerlässlich ist, war lange ein Rätsel, obwohl nachgewiesen ist, dass Niederländische Windmühlen dieses Prinzip schon Jahrhunderte vor der modernen Tragflügeltheorie des frühen 20. Jahrhunderts genutzt haben müssen, offensichtlich gefunden „by trial and error". Im Übrigen ist die moderne Windenergiegemeinschaft sehr stolz auf ihre Geschichte der Windmühlen.

Die Nutzung von aerodynamischen Profilen (Abb. 5.2) als Blattschnitte in Verbindung mit „Formeln" (besser: Gleichungen) für Kräfte durch Geschwindigkeit brachten den Durchbruch zu praktischen Entwurfsverfahren sowohl für Propeller- als auch für Windturbinenflügel. Es ist eine zwingende Übungsaufgabe für alle angehenden Windingenieure und -Ingenieurinnen, diese Zusammenhänge selbstständig zu programmieren, um so die Zusammenhänge besser zu verstehen.

Die Grenzen dieses „actuator disk"(etwa: Wirkscheibe)-Modells sind klar: Eine im Prinzip dreidimensionale, also räumliche, Strömung wird ersetzt durch eine gewisse Zahl (50–100) von zweidimensionalen, also ebenen, Strömungen in der Hoffnung, dass es eine Komponente der Windgeschwindigkeit (hier die „radiale" von der Blattwurzel hin zur Blattspitze) gibt, deren Vernachlässigung keine zu

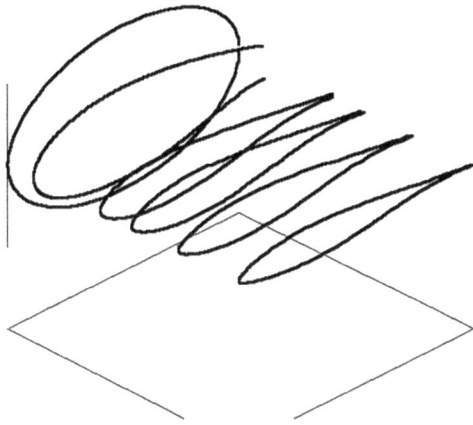

Abb. 5.2 Blattschnitte eines typischen Windturbinenblattes. (Eigene Darstellung)

große Ungenauigkeit in den Ergebnissen verursacht. Bedenkt man einerseits die relative Zuverlässigkeit (innerhalb ihrer inhärenten Schwankungen) der Vorhersage der Stromerzeugung durch Wind und andererseits das enorme Größenwachstum (sowohl in den Ausdehnungen der Anlagen selbst als auch in Bezug auf die Leistung), so kommt man nicht umhin anzuerkennen, dass diese relativ einfachen Modelle sehr gut gearbeitet haben müssen.

Wie oben in Kap. 2 schon gesagt, ist es sinnvoll, alternative Modelle in petto zu haben, die bestenfalls geeignet sind, mit vergleichbarem Rechenaufwand (gemessen in Rechendauer auf leicht verfügbarer Hardware) genauere Ergebnisse zu erzeugen. Ernsthaft wurde damit Mitte der 1990 Jahre begonnen; einen Durchbruch im Sinne einer Verdrängung der einfachen Methode vermag der Autor trotz aller kleineren Erfolge bisher nicht zu erkennen.

6

Exkurs: Über den Unterschied von Universitäten und Fachhochschulen

Abb. 6.1 Graphical abstract zu Kap. 6

Der weltweite Erfolg von Produkten, die aus dem Maschinenbau kommen (auch Windturbinen, obwohl elektrische und die Komponenten anderer Ingenieursdisziplinen in nicht geringem Anteil vorhanden sind) und oft bewundernd als „German Engineering" bezeichnet werden, wirft die Frage auf, ob und welche Strukturen dazu beigetragen haben könnten. Zweifelsfrei gehört dazu die exzellente berufliche Ausbildung, die in Deutschland nicht zum akademischen Sektor gerechnet wird. Viele Ingenieure, die einmal im Ausland eine Produktion oder Endmontage betreut haben, wissen, wovon ich schreibe. Die Akademisierung der Ingenieursausbildung begann in der Mitte des 19. Jahrhundert in England, vielleicht kann man sogar die in Frankreich schon Anfang dieses Jahrhunderts gegründeten „Écoles" als Vorläufer ansehen. Die klassischen Universitäten, von denen die in Bologna als die älteste (Gründung 1088) in Europa angesehen wird, taten sich zunächst schwer damit, „Ingenieurswissenschaften" in den Kanon (ursprünglich: Philosophie, Medizin, Recht und Theologie) einzufügen. Daher wurden zunächst „Technische Hochschulen" ohne Promotionsrecht, also ohne die Erlaubnis, wissenschaftlichen Nachwuchs auszubilden, eingerichtet. Erst Kaiser Wilhelm II verlieh 1899 der Technischen Hochschule Charlottenburg (heute: TU Berlin) das Recht, den Titel „Doktor-Ingenieur" (Dr.-Ing. – unbedingt MIT Bindestrich!) verleihen zu dürfen. Sehr viel früher gab es Ingenieur**schulen,** die den Status höherer Fachschulen hatten – unterhalb der akademischen Ebene. In dieser Tradition mögen die Ende der 1960er Jahre gegründeten Fachhochulen anzusehen sein. Wenn auch durch den sogenannten Bologna-Prozess, der den Dualismus „Dipl.-Ing. (FH) und „Dipl.-Ing. (TU)" durch Bachelor und Master (von lateinisch Bakkalaureus und Magister) ersetzte, bleibt eine subtile Unterscheidung in Form des Zusatzes „eng." (engineering) und „sc." (science) bestehen.

6 Exkurs: Über den Unterschied von …

Doch was hat das mit Windenergie zu tun? Viele mittelständige (wie auch z. B. das in Kap. 4 erwähnte Ingenieurbüro aerodyn haben zwar „FuE" (Forschungs- und Entwicklungs)-Abteilungen, greifen aber gern auf Hochschulen (Universitäten und Fachhochschulen) zurück, was die Lehrenden mit interessanten (Forschungs)-Projekten versieht und Absolventen in der letzten Phase des Studiums mit praxisnahen Themen für deren Abschlussarbeit versorgt. Dieser enge Austausch zwischen Firmen und Hochschulen ist meines Erachtens ebenfalls ein wichtiger Baustein für die Qualität nicht nur maschinenbaulicher Produkte wie Windturbinen. Meistens ist es den Firmen dabei gleich, ob die gewünschte Fragestellung von einer Universität oder Fachhochschule bearbeitet wird, viel wichtiger sind die Qualität und der Zeitrahmen der Bearbeitung. In jedem Fall muss dafür eine funktionierende Arbeitsgruppe mit guter Ausstattung und gutem Personal bereitstehen. Hier sind die Universitäten oft im Vorteil, da deren Arbeitsgruppen, die oft als Lehrstühle oder Institute formiert sind, aus einer größeren Anzahl (meist mehr als 10) von Doktoranden und Doktorandinnen bestehen, die sich sofort an die Arbeit machen können. Schon hier (wir werden das weiter unten näher beschreiben) sei angemerkt, dass es eine wichtige und zeitraubende Leitungsaufgabe ist, die dafür notwenigen zusätzlichen Finanz- bzw. Drittmittel mittel einzuwerben. Glücklicherweise sind diese „Fördertöpfe" für die Windenergie bislang gut ausgestattet. Neben der Absolventenquote (Anzahl Absolventen pro ProfessorIn und Jahr, hier AQ) ist diese Drittmittelquote (Anzahl eingeworbener Drittmittel pro ProfessorIn und Jahr, hier DQ) ein wichtiges Rankingmerkmal und wird regelmäßig in sogenannten Evaluationen erhoben, damit die Landesregierungen, die den Grundhaushalt der Hochschulen bereitstellen, sich über den Nutzen dieser nicht unerheblichen Mittel ein Bild machen können.

Für eine grobe Vorstellung: die AQ sollte zwischen 5 und 10 liegen; die DQ beträgt bei FH-ProfessorInnen etwa 100 T€/Jahr und bei Universitäts-ProfessorInnen etwa 600 T€/Jahr. Die Anzahl der Promovierten (also zu Dr.-Ings. „Erhobenen" ist eine weitere Kennzahl, die allerdings sehr stark variiert. Insgesamt promovieren in Deutschland ca. 1400 Personen im Maschinenbau pro Jahr. Diese Zahl ist zu den insgesamt zurzeit ca. 90.000 Studierenden (seit 2016–120 Tausend Studierende – aber stark rückläufig) in Relation zu setzen, wobei ca. 40 % an den FHs eingeschrieben sind, die bislang nur einen sehr kleinen Anteil zu den Promovenden beitragen. Bundesweit gibt es Bestrebungen (in Schleswig–Holstein durch ein Promotions-Kolleg), FHs mehr Möglichkeiten für kooperative Promotionen zu eröffnen, was die Qualität und Quantität des Technologietransfers sicherlich günstig beeinflussen würde. Ziel einer Promotion ist ganz allgemein, die Qualifikation zur „selbstständigen wissenschaftlichen Arbeit" zu erhalten. Dazu eignet sich hervorragend eine Einbindung in mehrjährige (typische Laufzeiten zwei bis drei Jahre) Projekte, für die öffentlich ausgeschriebene Drittmittel genutzt werden können. Als letzter markanter Unterschied sei genannt, dass die Lehrdeputate (also die Lehrverpflichtung in der Vorlesungszeit, die etwa die Hälfte des Semesters ausmacht) an den Universitäten 9 SWS (Semester-Wochenstunden) betragen, an Hochschulen meist 18 SWS. Es gibt eine schon lange anhaltende Debatte, wie dies mit der gesamten Arbeitszeit korreliert. Nur so viel sei gesagt: eine 40-h-Woche ist selten vertreten.

Die Diskussion über Sinn und Unsinn der Trennung von Theorie und Praxis und zu einem Teil auch über die im Ausland wenig anzutreffende Dualität von FH und Universität kreist stark um die Begriffe der Wissenschaftlichkeit und des Praxisbezugs. Was aber ist Wissenschaft? Immanuel Kant sagt dazu: „Ich behaupte aber, dass in jeder besonderen Naturlehre nur so viel eigentliche Wissenschaft angetroffen werden könne, als darin Mathematik anzutreffen ist" (Kant 1786). „Naturlehre" ist natürlich durch jede andere Lehre zu ersetzten, falls ein Anspruch auf Wissenschaftlichkeit erhoben wird. Das hört und liest nicht jede/r gern. Es passt aber, dass in diesem Jahr ein Pionier der Windenergie, Andrew Garrad (zusammen mit Henrik Stiesdal) mit dem *Queen Elizabeth Prize for Engineering* ausgezeichnet wird. Im entsprechenden Statement auf *qeprize.org* heißt es: *„His abiding technical interest is mathematical modelling"* (QEPrize 2024).

Literatur

Kant I (1786) Metaphysische Anfangsgründe der Naturwissenschaft, Königsberg, Königreich Preußen

QEPrize/Queen Elizabeth Prize for Engineering Foundation (2024) Andrew Garrad CBE. https://qeprize.org/winners/andrew-garrad-cbe-freng. Zugegriffen: 17. Mai 2024

7

Bündelung: Die CEwind eG

Abb. 7.1 Graphical abstract zu Kap. 7

Einen ersten Boom der Windenergie in Deutschland gab es ab Anfang der 2000er Jahre. Deutlich sichtbar waren die langen Transporter mit Blättern, die wegen der Überlänge gelbes Blinklicht trugen und erst ab 22 Uhr fahren durften, auf ihrer Fahrt von Dänemark in den Süden. Es waren Anlagen der dänischen Firma VESTAS, die auch heute noch (meistens) die TOP10-Liste der Hersteller anführt und sich gegen massive Mitwettbewerber aus China und der Großindustrie (SIEMENS, General Electric) behaupten kann. ENERCON als größter deutscher Hersteller schaffte es 2017 immerhin auf Platz 5. Nach dem absoluten Maximum 2017 (5,3 GW Zubau) fiel diese Zahl bis 2019, bedingt durch die Änderung des Marktdesigns, auf nur etwas über 1 GW ab. Danach ging es wieder aufwärts, für 2023 sind vorläufige Zahlen von knapp 3 GW zu erwarten. Um das erklärte Ziel der Bundesregierung, bis 2030 115 GW an Land installiert zu haben, wären jedoch weitaus größere Mengen an Zubau nötig.

Zurück in die Jahre um 2000. Die Landesregierung in Schleswig–Holstein wurde auf die aufkommende Bedeutung der Windenergie aufmerksam. Angeregt durch in Aussicht gestellte Fördermittel aus dem „Zukunftsprogramm Wirtschaft – Investition für Ihre Zukunft" und tatkräftig befördert durch Herrn Christian Zeigerer, damals Technologietransferbeauftragter der FH Kiel, sammelten sich interessierte Hochschullehrer aus allen Hochschulen in Schleswig–Holstein, um ein „Kompetenzzentrum Windenergietechnik Schleswig–Holstein" zu gründen. Fast gleichzeitig gründete sich in Niedersachsen „ForWind – Zentrum für Windenergieforschung der Universitäten Oldenburg, Hannover und Bremen". Wir werden im Folgenden die außerordentlich unterschiedliche Entwicklung der beiden Zentren beschreiben.

Ziel war, das Ganze zu mehr als der Summe seiner Teile zu machen, d. h. durch Vernetzung und

Anschubfinanzierung einen Mehrwert in der Windenergieforschung zu schaffen, der sich z. B. in der erfolgreichen Akquisition von Bundesmitteln zeigen sollte. Technologietransfer von den Hochschulen in die Firmen und Arbeitsplatzschaffung waren ebenfalls gewünscht. Neben aerodyn in Rendsburg gab es in Lübeck einen Hersteller (DeWind), der leider nur von 1995 bis 2015 existierte, es aber schaffte, ca. 900 Anlagen mit einer Kapazität von ca. 1,6 GW herzustellen. Größte Anlage war die D8 mit 2 MW Nennleistung. Wichtiger war aber der Zusammenschluss verschiedener kleinerer Hersteller (Husumer Schiffswerft, Jacobs Energie) im Jahr 2001 zur REpower AG. Leider musste ihre Nachfolgerin, die SENVION S.A. 2019 Insolvenz anmelden. Geschätzte 20 GW Nennleistung wurden in dieser Zeit gebaut, verkauft und aufgestellt. Das Entwicklungszentrum mit schönem Blick auf den Nord-Ostsee-Kanal in Rendsburg beschäftigte mehrere Hundert Ingenieure und Ingenieurinnen, viele davon Absolventen aus Hochschulen innerhalb Schleswig-Holsteins. Insbesondere viele Absolventen aus dem im Kap. 8 vorgestellten Masterprogramm „Wind (Energy) Engineering" konnten hier eine erste Anstellung finden. Manchmal war es bei den Besuchen dort vor Ort wie bei einem Alumni-Treffen der FH Kiel.

REpower konnte schon 2004 einen Prototypen einer 5 MW offshore Windturbine vorstellen, der mindestens 50mal gebaut wurde und zu einer gewissen Berühmtheit gelangte, indem das NREL (National Renewable Energy Laboratory, das groß US-amerikanische Forschungszentrum für Erneuerbare Energien), genauer das NWTC (National Wind Technology Center, der Wind-Zweig vom NREL) eine „NREL offshore 5-MW baseline wind turbine" entwarf, die dazu dienen sollte (und es – gemessen an den Zitationen – auch mehr als 6000fach tat!) „offshore Windenergieanlagen zu bewerten". Der Entwurf legte dabei „besonderes Augenmerk auf die REpower 5 MW-Anlage".

Das Land förderte das Kompetenzzentrum, das sich nun CEwind (Center of Excellence Wind Energy) nannte, innerhalb dreier Perioden (von jeweils drei Jahren, also neun Jahre lang) mit gut 5 Mio. EUR, wobei die beteiligten Hochschulen in etwa die gleiche Summe Arbeitsäquivalente zusätzlich besteuerten oder kofinanzieren, wie man sagte. Viele interessante Projekte wurde so gefördert, parallel dazu entstand die Messplattform FINO3 (Forschung in Nord- und Ostsee) ca. 60 km westlich von Sylt, zur gründlichen Untersuchung der Bedingungen off-shore. FINO1 war zuvor nördlich von Borkum, FINO2 in der Ostsee errichtet worden. Alle drei Forschungsplattformen lieferten (und liefern zum Teil immer noch, obwohl inzwischen Windparks in deren Nähe errichtet wurden) viele wertvolle Ergebnisse, unterem anderem die Bestätigung, dass die mittlere Windgeschwindigkeit wirklich so viel größer als an Land (on-shore) ist, wie immer geglaubt.

Nach einiger Zeit musste ein Konzept gefunden werden, aus den befristet geförderten Projekten eine dauerhafte Einrichtung zu etablieren. Keine einfache Sache – wir haben es seinerzeit in Form einer e.G. (eingetragene Genossenschaft) versucht, was sich aber als nicht tragfähig erwies. Die Aktivitäten der CEwind e.G. wurden vom WETI (Wind Energy Technology Institute) an der Hochschule Flensburg und vom Forschungs- und Entwicklungs- Zentrum FH Kiel GmbH übernommen und weitergeführt.

Ganz anders verlief die Entwicklung in Niedersachsen: Dort gelang es, aus FORwind heraus ein Fraunhofer-Institut für Windenergiesysteme (IWES) zu gründen und dauerhaft zu etablieren. Fraunhofer-Institute, darunter das IWES, werden von der Fraunhofer-Gesellschaft (FhG) zur Förderung der angewandten Forschung e. V. betrieben. Sie ist „die weltweit führende Organisation für anwendungsorientierte Forschung", deren Volumen ca. 3 Mrd. EUR beträgt. Schlägt man dies auf die zurzeit existierenden 76 Institute und Einrichtungen um, so kommt man auf ca. 40 Mio. EUR pro Einrichtung, so wohl auch für das IWES. Zum Vergleich: In den USA hat sich das National Wind Technology Center als Teil des NREL mit seiner überaus reizvollen Lage am Fuße der Rocky Mountains (nahe Boulder/Denver) etabliert (siehe Abb. 7.2).

Etwa 30 % des Etats eines Institutes werden von der FhG gestellt, der Rest muss in Form von öffentlichen Drittmitteln oder aus der Industrie direkt eingeworben werden. Die Gründung eines neuen Instituts ist keine einfache Aufgabe. Oft muss das betreffende Bundesland eine gewisse Vorleistung erbringen, die der FhG nach einer

Abb. 7.2 Der Verfasser vor den Testanlagen des National Wind Technology Center in Golden, Colorado, USA nahe den Rocky Mountains. (Foto: Schaffarczyk)

gewissen Zeit (z. B. 5 Jahren) zeigt, dass dieses neue Institut (oder diese Einrichtung) trag- und zukunftsfähig ist. Für die Windenergie war man dort (Oldenburg, Hannover, Bremen und am Anfang auch in Kassel) zur richtigen Zeit mit den richtigen Personen am richtigen Ort, wie der Erfolg in Form von Größe, gemessen an Mitarbeiter und Mitarbeiterinnen und Umsatz zeigt.

8

Ausbildung: Ein neuer Studiengang „Wind Energy Engineering"

Abb. 8.1 Graphical abstract für Kap. 8

Parallel zur Gründung des Kompetenzzentrums für Windenergie kam der Gedanke auf, einen neuen Studiengang für Windenergie einzurichten. Der Zeitpunkt war in mehrfacher Hinsicht günstig: Zum einen wurden durch den sogenannten Bologna-Prozess alte Diplom-Studiengänge durch Bachelor-/Master-Programme ersetzt und zum anderen war eine gewisse „Profilierung" des Themas innerhalb der Hochschullandschaft durchaus gewünscht. Lehre gehört zur Hauptaufgabe der (Fach)Hochschulen, während Universitäten mindestens genauso viel (eher mehr) Wert auf Forschung legen. Dies wird auch an dem Lehrdeputat klar: An FHs gelten 18 „Semesterwochenstunden" (SWS), an Universitäten sind 9 zu halten. Diese Zahlen müssen eingeordnet werden. Ein Semester umfasst zunächst ein volle sechs Monate. Davon nimmt die reine Vorlesungszeit mit etwa zwölf bis 13 Wochen nur ungefähr die Hälfte der Zeit ein. Es wäre aber weit gefehlt, daraus – sowohl für Lehrende als auch für Lernende – eine Wochen- (oder Jahres-)Arbeitszeit abzuleiten, die weit unterhalb des „Üblichen" läge. Das Gegenteil ist der Fall: Studieren ist mehr als eine Vollzeittätigkeit und Professoren haben neben der Lehre eine Vielzahl von beruflichen Aufgaben neben den Forschungstätigkeit vor allem auch in der „Selbstverwaltung" zu erfüllen. Statt von Semester „ferien" zu sprechen ist „vorlesungsfreie Zeit" angemessener ausgedrückt. Sicher gibt es immer wieder schwarze Schafe, die die grundgesetzlich verankerte Freiheit von Lehre und Forschung schamlos ausnutzen, aber selbst kritische Berichte stellen eine durchschnittliche Arbeitszeit von 50 bis 60 Wochenstunden fest.

Der Aufwand, Projekte anzubahnen und durchzuführen ist dabei der größte Brocken, insbesondere, wenn eine Arbeitsgruppe noch keine „kritische Masse" erreicht hat, sich also noch nicht selbst erhalten kann und daher die Leitung viel organisatorische Arbeit zu verrichten hat.

8 Ausbildung: Ein neuer Studiengang

Nichtsdestotrotz waren sich alle Mitglieder des Kompetenzzentrums im Klaren, dass dieser neue Studiengang ausschließlich auf Windenergie ausgerichtet sein und international (d. h. auf Englisch) und als Masterprogramm ausformuliert werden sollte, um die Forschungsaufgaben komplementär begleiten zu können. Selbstverständlich sind auch hier eine Menge an formalen (verwaltungstechnischen) Randbedingungen zu erfüllen, die aber relativ schnell (erste Ideen im Jahr 2005, Aufnahme erster Studierender im Wintersemester 2008/2009 – ja, drei Jahre sind in diesem Fall „schnell") abgearbeitet wurden. Die letzte Stufe vor einer formalen Genehmigung ist die sogenannte Akkreditierung, bei der von einem unabhängigen, auswärtigen Gremium geprüft wird, ob alle vom Ministerium auferlegten Bedingungen erfüllt sind und ein hoher Studienerfolg erwartet werden kann.

Inzwischen haben sich fast 500 Studierende eingeschrieben und vielen davon ist ein erfolgreicher Abschluss gelungen: Die Quote liegt über 50 %. Als Besonderheit wurde im Studienplan verankert, dass Abschlussarbeiten (Master-Thesen) bevorzugt in Unternehmen durchzuführen sind. Damit haben die Studierenden Gelegenheit, den Praxisbezug des Studiums (obwohl MSc – Master of Science) zu beweisen und Unternehmen bekommen die Chance, frühzeitig mögliches neues Personal kennenzulernen. Eine feste Anstellung zu erhalten ist oft für viele Studierende wichtiger, als eine gute Note zu bekommen, allerdings korreliert beides meistens sehr stark. An den Universitäten, die sehr viel forschungsstärker ausgerichtet sind und deren Arbeitsgruppen groß genug sind, werden Master-Thesen zumeist in der Arbeitsgruppe absolviert.

Einige besonders ausgezeichnete Absolventen wurden auch in unserem Kompetenzzentrum in laufende Forschungsprojekte integriert, die zum Teil mit Promotionen gekoppelt werden konnten.

Seit einigen Jahren gibt es im dritten Semester ein für alle sehr herausforderndes, aber auch sehr beliebtes Projekt: Professor Quell, der viel Jahre technischer Vorstand beim Hersteller Repower/Senvion war, lässt das gesamte, dritte Semester eine komplette Windenergieanlage nach dem State-of-the-Art der Technik, aber mit durchaus besonderen Akzentuierungen entwickeln. Zuletzt gab es die „Optimus 295 20 MW", eine Anlage mit 20 MW Nennleistung und knapp 300 m(!) Rotordurchmesser. Der zurzeit größte Prototyp stammt von der MingYang Wind Power Group Limited aus Zhongshan, Guangdong, China; sie hat 260 m Rotordurchmesser und eine Nennleistung von 16 MW. Davor war das Ziel, eine Anlage für einen schwer zugänglichen Standort in Nepal zu entwickeln. Besonders stolz waren die Studierenden, als bei der Abschlusspräsentation der nepalesische Botschafter ein Grußwort überbrachte.

9

Projekt: Fahren Gegen Den Wind – Baltic Thunder

Abb. 9.1 Graphical abstract Kap. 9

007 auf einer Tagung in Kopenhagen fragte mich ein Kollege aus den Niederlanden: „Hallo Peter, wir möchten die Windenergie ein wenig populärer machen und junge Leute einbinden. Dazu planen wir einen Wettbewerb, mit einem nur durch den Wind angetriebenem Auto GEGEN den Wind zu fahren. Macht ihr mit?". Die Antwort war: „Na klar" – bevor ich überhaupt nachgedacht hatte. Unsere FH hatte gerade die ersten Master-Studierenden aufgenommen, das wäre in jedem Fall ein schönes Projekt. Aber wie kann man überhaupt GEGEN den Wind fahren? Segler wissen, dass man hierfür kreuzen muss und das geht auch nur innerhalb eines Winkels, der … Grad beträgt. Bei diesem Wettbewerb, der den schönen Namen *Racing Aeolus* (etwa: Jagen wir den Windgott!) erhielt, sollte der Wind aber direkt von vorn kommen! Ist das überhaupt möglich? Und wenn ja, warum? Sich das klar zu machen ist der erste Schritt, ein solches Fahrzeug (s. Abb. 9.2) aus-

Abb. 9.2 Das Windauto Baltic Thunder im Windkanal der Deutschen WindGuard Engineering GmbH, Bremerhaven (2011). (Foto: Schaffarczyk)

9 Projekt: Fahren gegen Den Wind – Baltic Thunder

zulegen, oder, wie oft – etwas ungenau – gesagt wird, zu berechnen. Da wir weiter ohne Gleichungen (Formeln) auskommen wollen, sei hier nur eine qualitative Beschreibung gegeben: Die relative Windgeschwindigkeit (in Bezug zum Auto) setzt sich zusammen aus der des Windes (über „Grund") plus der des Fahrzeuges. Sie erzeugt eine Leistung (kurz P_w genannt) und eine Kraft auf den Rotor, die sich auf das Fahrzeug überträgt und mit der Geschwindigkeit des Fahrzeuges transportiert werden muss, was wiederum in eine Leistung (P_s, „S" für Schub) umgerechnet werden darf. Ist die Differenz $P_w - P_s$ positiv, fährt das Auto, sonst bleibt es stehen. So einfach ist das!

Aber wie schnell kann so ein Fahrzeug maximal fahren? Gibt es eine Grenze? Theorie: Nein! Praxis: Ja! Fangen wir mit dem Letzterem an: Seit 2008 wird das Rennen (mit zwei Ausnahmen) in Den Helder, Niederlande, auf einem schönen, asphaltierten Deich durchgeführt. Als Merkmal für die Qualität der Windautos wird nun nicht die absolute Geschwindigkeit (in km/h) gewählt, weil diese zu sehr von den sehr stark turbulenten Windverhältnissen abhängt, sondern es wird ein Geschwindigkeitsverhältnis (r, ratio) gebildet, aus r = (Geschwindigkeit des Autos)/(Geschwindigkeit des Windes). Erstere ist einfach „Weg/Zeit", also mit einer Stoppuhr zu messen. Letztere im Prinzip auch, aber wegen der starken räumlichen und zeitlichen Variation nur als (meines Erachtens) ungenauer Mittelwert. Aber: Die Rennleitung hat immer recht! Unangefochtener Weltmeister ist ein Team (chinook) aus Montreal, Canada, die „114 %" gefahren sind, also r = (29,5 km/h)/(25,9 km/h) = 1,14. In „absoluter" Geschwindigkeit (über Grund) waren dies (2018) knapp 32 km/h bei ziemlich starkem Wind von 36 km/h („Beaufort immerhin 5: Frische Brise"). Man muss dazu sagen, dass – aus Sicherheitsgründen – keine Rennen bei mehr als 12 m/s (43,2 km/h) Windgeschwindigkeit gefahren werden dürfen. Auch das Reglement (Design Rules – Entwurfsregeln) ist darauf abgestimmt.

Um die Komplexität der Auslegung eines solchen Fahrzeugs ein wenig zu verdeutlichen sei daran erinnert, dass die Leistung mit der dritten Potenz der Windgeschwindigkeit anwächst. Hätte man also ein Fahrzeug, das bei 12 m/Wind „100 %" fährt, so ergibt sich ein relativer Wind von 24 m/s. Eine Windturbine üblichen Wirkungsgrades bei maximal zugelassener Rotorfläche vom 4 m2 erzeugt dann eine Leistung von 34 kW, durchaus mit einem Auto vergleichbar. Ganz anders ist die Situation bei wenig Wind, d. h. etwa 2,5 m/s (9 km/h), wie 2023 erlebt. Nun gibt der Rotor nur etwa 100 W her, das ist in etwa so viel wie ein nicht besonders trainierter Radfahrer (Trainierte sollen bis zu 400 W über Stunden fahren können). Es liegt auf der Hand, dass man (rein maschinenbaulich gesehen) bei einem so großen Leistungs- und Kraftunterschied nicht dieselben Komponenten nutzen sollte. Bei schwachen Winden orientiert man sich also an der Fahrradtechnik, während ein Starkwindauto schon wie ein Auto ausgelegt werden sollte. Eine wichtige Komponente ist der sogenannte Triebstrang, eine Anordnung von Bauteilen, die die Leistung des Rotors auf die Antriebswelle der Räder überträgt. Angesichts der stark schwankenden Eingangsleistung durch den Wind könnte man überlegen, ob eine Anordnung aus elektrischen Komponenten (Generator, Zwischenspeicher, Regelung und elektrische Nabenmotoren) sinnvoll wäre. Dies wurde auch verschiedentlich versucht, aber leider nicht mit dem gewünschten Erfolg. So bleibt die klassische Lösung mit Getrieben, Wellen und Kugellagern auch nach mehr als 15 Jahren die bevorzugte und erfolgreichste Lösung.

Jedes Jahr nehmen ungefähr zehn Gruppen am Wettbewerb teil, die meisten aus den eher nördlichen Teilen Europas. Team *chinook* aus Kanada ist seit 2013 verlässlich dabei, auch Teams aus der Türkei und sogar aus Ägypten nahmen teil. Das Organisationsteam aus den Niederlanden gibt sich große Mühe für einen reibungslosen Ablauf der Rennen – doch natürlich bleibt der Wind selbst die größte Unsicherheit. Ein wenig schade ist es, dass die großen Hersteller von Windkraftanlagen eher zögerlich bei der Unterstützung der Teams sind, denn man darf nicht vergessen, dass neben vielen Arbeitsstunden auch Material notwendig ist, ein gewisses Grundbudget also vorhanden sein muss. Mittelbeschaffung und Verwaltung ist immer ein wichtiger Bestandteil solcher studentischen Projekte, so wie es später im beruflichen Leben auch verlangt wird. Insgesamt handelt es sich um ein beispielhaftes Projekt, das in idealer Weise Theorie und Praxis zusammenführt.

10

Umschau: Vorträge in (fast) aller Welt

Abb. 10.1 Graphical abstract zu Kap. 10

Bis zur Corona-Pandemie war es üblich, zu internationalen Konferenzen zu reisen, um sich in direktem, persönlichem Kontakt auszutauschen. Dann kam die Zeit der Videokonferenzen, die halfen, eine Art Notbetrieb in Lehre und Forschung aufrechtzuerhalten. Nach wie vor sind alle froh, dass es diese Hilfsmittel gibt, aber alle wissen nun umso mehr um die Wichtigkeit dieser vormals selbstverständlichen persönlichen Treffen. Selbstverständlich ist eine solche Konferenz nicht CO_2-frei, was ein Kollege schon eher monierte, als den meisten lieb war. Erinnern wir uns: Etwa 8 t CO_2-Emissionen „verursacht" jede Einzelperson in Deutschland pro Jahr. Ein Flug Hamburg-Beijing und zurück schlägt dann mit ca. 2,6 T zusätzlich zu Buche, wenn man Economy fliegt, in der Business Class sind es sogar 3,9 T, was aber normalerweise nicht durch das an FHs übliche Reisebudget gedeckt ist. Es gibt viele Ansätze, dieser zusätzlichen Emission entgegenzuwirken, die Wirksamkeit eines Verzichtes von Interkontinentalflügen werden wohl die wenigsten erreichen, selbst wenn man sich Zertifikate kauft, die nach dem Kauf stillgelegt, also dem weiteren Handel entzogen werden. Nur dann wäre die mit dem Flug verbundene Menge effektiv als nicht emittiert zu betrachten.

„Beware of snakes!" (Achte auf Schlangen!) sagte ein Kollege aus den USA, als man in einer Pause vor das Gebäude des NWTC treten durfte (s. Abb. 7.2). Aber es seien nicht nur die Schlangen, die hier eine gewisse Gefahr darstellen könnten, sondern auch der Boden selbst. Das großzügige Gelände am Rand der Flat-Iron(Bügeleisen)-Berge, dem östlichen Beginn der Rocky Mountains, das zunächst vom SERI (Solar Energy Research Institute) genutzt werden konnte, bevor es als NWTC Teil des NREL wurde, war von den 1950er bis Ende der 1980er Jahre besser als „Rocky Flats Plant" bekannt. Dort wurden die sogenannten „pits" hergestellt; das sind halbkugelförmige

Objekte aus Plutonium, die den Kern jeder Atombombe bilden. Angeblich wurden dort ca. 70.000 Stück davon hergestellt. Jede Halbkugel hat eine Masse von ca. 3 bis 4 kg. Natürlich ereigneten sich dort, wie auch in Majak (damals: Sowjetunion) und Windscale (United Kingdom) Unfälle, die dieses hochgiftige Material (und andere schädliche Substanzen) freisetzten. Proteste von Anwohnern aus dem nahen Denver nach dem „Three-Miles-Island" Desaster im Jahr 1979 gaben zusammen mit einer Razzia wegen Verletzung von Umweltgesetzen wohl letztlich Anlass zur Schließung dieser Anlage. Rückbau und Dekontamination sollen ca. 7 Mrd. US$ gekostet haben und wurden erst 2005 abgeschlossen. „Beware of radioactivity" wäre also (mindestens) genauso berechtigt gewesen.

Marokko ist ein Land, das ideal für erneuerbare Energien geeignet scheint. Nicht nur wegen der offensichtlichen Möglichkeiten, aus Sonnenenergie sonstwie nützliche Energie zu erzeugen, sondern auch, weil dort die Windverhältnisse durch die Nähe zum Atlantik gut sind und darüber hinaus Wasserkraftwerke aus den Flüssen vom Atlasgebirge möglich sind. Trotzdem ist dieses Land immer noch stark abhängig von Energieimporten. Kohle und Öl machen fast 80 % seines gesamten Energiemixes aus. Selbst Elektrizität wird nur zu einem knappen Viertel aus erneuerbaren Energien gewonnen. Der CO_2-Fußabdruck liegt bei niedrigen ca. 2 to pro Einwohner. Vor diesem Hintergrund wurde aufbauend auf einer Kooperation zwischen dem Königreich Marokko und dem Bundesland Schleswig–Holstein ein Projekt namens WEREEMa (Wind Energy, Renewable Energy and Energy Efficiency, Maroc) initiiert. Ich hatte dabei Gelegenheit, zusammen mit einer marokkanischen Partner-Universität in Ifrane (dem Ski-Resort Marokkos) ein Projekt namens *Conception and Fabrication of a Domestic Small Wind Turbine within certification standard IEC 61.400 series* zu begleiten mit dem Ziel, eine Kleinwindanlage (Kap. 14) passend zu den lokalen Gegebenheiten zu entwerfen und einen Prototyp zu testen. Basierend auf einem relativ hoch geschätzten Bedarf (von ca. 100 kWh/Tag) in ländlichen Gebieten ohne Netzanschluss wurde eine Nennleistung von ca. 10 kW bei einem Rotordurchmesser von ca. 7 Meter gewählt. Für einen Standort mit genügend hohem mittleren Wind (7,5 m/s) sollten so ca. 40 MWh im Jahr erzeugt werden können – also genug, um den Bedarf zu decken, der vor allem durch Pumpen zur Bewässerung von Feldern bedingt ist.

Entwurf und Konstruktion sind jedoch nicht die entscheidenden Hürden, die es zu überwinden gilt, sondern Fertigung oder Endmontage sind entsprechend der lokalen Gegebenheiten zu gewährleisten. Viele elektrotechnische Komponenten (Generator, Steuerung, Umrichter usw.) sind inzwischen günstig aus China zu beziehen. Turm und Gründung kann man in den meisten Fällen leicht lokal beauftragen, bleibt das Rotorblatt als schwierigstes zu fertigendes Teil. Wählt man dafür, wie es fast ausschließlich gemacht wird, einen sogenannten faserverstärkten Kunststoff, könnten auch kleinere (Reparatur-)Werften, die sich mit diesen Materialien, insbesondere dem formgetreuen Schichtaufbau (Laminat) der beiden Halbschalen, auskennen sollten, angesprochen werden. Blätter aus Holz könnten auf den ersten Blick eine Alternative darstellen, allerdings ist es mit diesem Werkstoff oft schwierig, eine langanhaltende Wetterfestigkeit zu gewährleisten sowie den engen einzuhaltenden Rahmen der vorgeschriebenen Toleranzen an Materialeigenschaften, insbesondere bezüglich der Ermüdung. So nennt man Belastungen, die sehr viel geringer sind als eine einmalige „Extrem" lasten, die ihrerseits sofort zum Bruch führen. In großer Zahl können diese scheinbar unterschwelligen Belastungen jedoch Risse ausbilden und zum Versagen erst nach längerer Zeit führen. Auch bei der großen (main stream) Windenergie hat man einige Zeit gebraucht, um Sicherheit gegen Materialermüdung in adäquater Weise zu gewährleisten. Besonders eklatant wurde dies bei der Großen Windenergie-Anlage (GROWIAN), die in den 1980er Jahren im Kaiser-Wilhelm-Koog aufgebaut wurde. Die Nabe, welche die beiden Blätter mit der Rotorwelle verband, hielt nur ca. 400 h, also nur wenige Wochen statt der avisierten 20 Jahre. Als eine der wichtigsten Schlussfolgerungen aus dem frühen Versagen dieses kritischen Bauteils gilt es daher, keine metallischen Werkstoffe für das Blatt zu wählen, da sie zu schwer und zu wenig „dauerfest" sind. In der Tat sind heutzutage so gut wie keine metallenen Blätter (auch nicht für Kleinwind, siehe Kap. 14) mehr im Markt vorhanden.

11

Gäste: Besuche aus Nord-Korea und dem Iran

Abb. 11.1 Graphical abstract zu Kap. 11

Anfang 2003 lag in meinem Postfach ein Brief aus Nord-Korea. Der Umschlag erinnerte ein wenig an Löschpapier und bei näherem Hinsehen wurde klar, dass er über den DAAD (Deutscher Akademischer Austausch-Dienst) an mich weitergeleitet worden war. Darin befand sich ein Bewerbungsschreiben auf eine Stelle als wissenschaftlicher Mitarbeiter nebst Lebenslauf, also mit allem, was zu einer Initiativbewerbung gehört. Nun drang damals nicht viel an Information aus diesem Land, abgesehen davon, dass nach dem Zusammenbruch des Ostblocks Hungersnöte ausbrachen und die Macht im Staat von Staatsgründer Kim Il Sung auf dessen Sohn übergegangen war. Was sollte ich also mit diesem Schreiben tun? Glücklicherweise fand sich beim DAAD eine Ansprechperson, die über Hintergründe informieren konnte. Es sei auf hoher Ebene (zu dieser Zeit war Joschka Fischer deutscher Außenminister) entschieden worden, einigen ausgewählten Wissenschaftlern Kontakte nach Deutschland zu gewähren, auch, um Alternativen zur Kernenergie aufzuzeigen. Schon damals war vielen nicht klar, ob es ein Kernwaffenprogramm gab, und wenn ja, wie weit dieses gediehen war.

Das Telefonat machte klar, dass dem DAAD sehr an diesem speziellen Austausch gelegen war. Meine Hochschulleitung war indifferent, mit der Presseabteilung wurde allerdings vereinbart, kein besonderes Aufheben von diesem Besucher zu machen. Inhaltlich gestaltete sich die Arbeit außerordentlich fruchtbar, da der Kollege gut Deutsch sprach (dank eines Studiums in der ehemaligen DDR), sehr freundlich war und äußerst diszipliniert arbeitete. Frucht dieser Arbeit war eine gemeinsame Veröffentlichung über den Einfluss von rauen Oberflächen auf die aerodynamische Güte. Etwas irritiert war ich allerdings von der Frage, wo denn hier in Kiel die nächste „Kaufhalle" sei – anscheinend war der Gast nicht ganz über die politische Entwicklung in Deutschland seit seinem

11 Gäste: Besuche aus Nord-Korea und dem Iran

Studium informiert worden. Um dies nicht weiter zu komplizieren und um einfache Antwort bemüht, sagte ich einfach: „Die gibt es nicht mehr – die heißen jetzt ALDI". Da keine weiteren Nachfragen kamen, muss die Antwort wohl zufriedenstellend gewesen sein. Derartige Besuche wurden in zwei aufeinanderfolgenden Jahren wiederholt, allerdings mit gewissen Unterschieden: Es hieß, dass im ersten Jahr des Austausches nicht alle Gäste wieder in ihre Heimat zurückgekehrt seien, was dem nord-koreanischen Staat nicht gefiel. Da weiterhin Mittel vom DAAD zur Verfügung gestellt wurden, entschied man sich, Besucher nur noch paarweise zu entsenden. Die Rangfolge der beiden Herren war klar an der Größe des Parteiabzeichens zu erkennen, der Kollege vom Vorjahr hatte ein kleineres als sein Begleiter. Wie mir im Nachhinein bekannt wurde, war kurz nach Eintreffen in Deutschland die nordkoreanische Botschaft in Berlin aufzusuchen. Was dort gesprochen und vereinbart wurde, blieb unklar. Etwas ungewöhnlich waren Anfragen aus dem Studentenwerk, die den Herren zwei Einzel-Apartments zur Verfügung gestellt hatten, nach Zusammenlegung in nur ein Zimmer, angeblich, um Kosten zu sparen. So wurden Spekulationen laut, dass wohl ein Teil des DAAD-Stipendiums der Botschaft zugeführt werden musste. Das Arbeitsklima insgesamt und damit leider auch die Qualität der wissenschaftlichen Arbeit nahm ab; ich gewann den Eindruck, dass Abschlussberichte schon vorgefertigt waren und die Zeit des Aufenthaltes in Deutschland letztlich für andere Tätigkeiten genutzt wurde. Als im Jahr 2006 die ersten Kernwaffentests bekannt wurden, lehnte ich weitere Besuche ab.

Jahre später fragte man über die nordkoreanische Botschaft (über eine anscheinend private Handy-Nummer) an, ob ich dem Kollegen des ersten Besuches ein Exemplar eines von meinen Kollegen und mir herausgegebenen Buches über Windenergietechnik zukommen lassen könnte.

Dies tat ich gern, allerdings gab es keinen weiteren direkten Kontakt, nur eine sehr schöne Postkarte zum asiatischen Neujahrsfest. E-Mails oder Telefonate waren (sind?) mit der Universität Pjöngjang nicht möglich. Wenige Jahre später rief mich eine Dame aus dem Umkreis der damaligen GTZ (nun GIZ – Deutsche Gesellschaft für Internationale Zusammenarbeit) an, um Grüße des ersten Besuchers zu bestellen. Sie hätten sich zufällig in Gulu (damals eine Universitätsstadt in Uganda, etwa auf halbem Weg von Kampala nach Juba, heute die Hauptstadt des Süd-Sudan, der damals noch nicht existierte) getroffen und über Kiel gesprochen. Dabei sei mein Name gefallen. Warum mein Besucher dort war, blieb unklar, ebenso die Entwicklung der Windenergie in seiner Heimat.

Eine ähnliche Initiative gab es wenige Jahre später von einem Doktoranden aus dem Iran. Im Rahmen seiner Dissertation an der Universität Teheran hatte er angefragt, ob er in meiner Gruppe arbeiten könne. Schnell fand sich ein passendes Thema aus dem Umfeld der Problemstellungen der MEXICO-(Model Experiments In COtrolled Conditions) und Folge-Projekte: Ende 2006 war eine mittlere (D = 4,5 m) Modellwindanlage im größten Europäischen Windkanal (LLF = Large Scale Low Speed Facility, nahe Amsterdam, Niederlande) gründlich vermessen worden. Nun galt es, die Ergebnisse zu interpretieren und durch Modellrechnungen zu begleiten. Schnell wurde klar, dass bei der Fülle der Daten ein Konsortium gebildet werden musste, welches sich auch im Rahmen von IEAwind im Jahr 2009 etablierte. Das war die Geburtsstunde von MexNext. In drei Phasen dauerte dieses Unterfangen bis Ende 2017.

Damals (um 2010) gab es einige nicht erklärbare Differenzen zwischen den Messungen und Berechnungen. Eine Vermutung zur Ursache dieser Diskrepanzen betraf die sogenannte Kalibrierung des Windkanals selbst, anders

11 Gäste: Besuche aus Nord-Korea und dem Iran

ausgedrückt: die gegenseitige Beeinflussung der Strömungen von der Windturbine im Windkanal. Dazu muss man wissen, dass eine Windturbine „frei" umströmt wird, ein Windkanal durch seine Wände dies aber nicht realisieren kann. In gewisser Weise trifft das zwar auch auf die Strömungssimulation zu, aber hier kann man (im Prinzip) das Berechnungsvolumen so ausgedehnt wählen, wie man möchte, um die Randeffekte zu minimieren oder sogar ganz zu eliminieren. In Bezug auf Windkanalversuche gelingt die Umrechnung („Korrektur") Windkanal ↔ frei teilweise durch empirische Formeln. Deren rechnerische Überprüfung war nun die Aufgabe des Doktoranden, inspiriert durch eine ähnliche Arbeit an der DTU (Dänische Technische Universität, Lyngby bei Kopenhagen). Es zeigte sich, dass wir zwar ein numerisches Modell aufbauen konnten, aber leider nicht in derselben Tiefe wie die DTU. Letztlich bestand die Lösung aus einer erneuten Messung, die 2014 acht Jahre nach der ersten Messung durchgeführt werden konnte. Damit – und dank der inzwischen durchgeführten Simulationen – konnte eine Vielzahl an Widersprüchen aufgelöst werden, dafür taten sich andere Fragen auf, fast wie einem der Murphy'schen Gesetze folgend: „Ein behobener Fehler macht die Sicht frei auf mehrere, bisher unsichtbare". Es gab eine Initiative, den kompletten MEXICO-Versuchsaufbau in einem der größeren chinesischen Windkanäle zu wiederholen, aber leider konnte dies bisher nicht durchgeführt werden. Nach Corona und neuen Empfehlungen des DAAD („Die Wissenschaftskooperation mit China realistisch gestalten") ist dies nicht einfacher geworden.

Doch was wurde aus dem Doktoranden? Die Promotion wurde abgeschlossen und er konnte etwas später einen Ruf als „associate professor" (etwa: außerordentlicher Professor) an einer Universität im Norden Irans annehmen. Gelegentlich haben sich weitere fachliche

Kontakte ergeben, obwohl die allgemeine politische Situation auch das überschattete.

China stellt sein langem eine besondere Rolle dar, auch in der Entwicklung der Windenergie. Der Bedarf an Energie in einer für lange Zeit sehr schnell wachsenden Wirtschaft dieser Größe ist immens. Jede Form von Energie ist wichtig, gerade weil Kohle noch zu fast zwei Drittel zur Elektrizitätserstellung beiträgt. Der Anteil des Windes ist mit ca. 10 % etwa doppelt so groß wie der durch Kernkraftwerke. Seit langem gehören chinesische Windkrafthersteller zu den Top 10 der Welt, wenngleich ihr Exportanteil eher gering ausfällt, im Gegensatz zu westlichen Firmen, die versuchen, global zu agieren. Zu einem Mitarbeiter eines bestimmten chinesischen Herstellers gestaltete sich über die Jahre eine recht kontinuierliche und enge Zusammenarbeit. Auf dem Höhepunkt der Covid-Pandemie kam eine Anfrage, ob ein längerer Aufenthalt in meiner Arbeitsgruppe möglich sei. Erstaunlicherweise war nicht die Pandemie, sondern eine geänderte Einstellung seitens Europas und der Bundesregierung zum Charakter der Zusammenarbeit mit China die Hürde, die es zu überwinden galt. Das Stichwort ist *dual use* bezeichnet die Möglichkeit, Technologie – und auch Wissen – sowohl zivil als auch im militärischen Bereich einsetzen zu können. Plötzlich musste ich mich mit Fragen wie „Kennen Sie das Missbrauchspotenzial Ihrer eigenen Forschung?" und möglichen „Proliferationsrisiken" auseinandersetzen. Angesichts der Besuche früherer Gastwissenschaftler aus Nordkorea und dem Iran war das für mich etwas überraschend. In der Praxis bedeutete es jedoch nur, ein paar mehr Fragebögen zu beantworten und zusätzliche Stellungnahmen – sogar an das Auswärtige Amt – zu verfassen. Etwas ins Grübeln kam ich dabei schon, denn der Umgang mit „intellektuellem Eigentum" ist anscheinend – immer noch – sehr stark kulturabhängig geprägt, wie das

11 Gäste: Besuche aus Nord-Korea und dem Iran

folgende kleine Beispiel erläutert: Auf die Frage an einen Studenten XYZ, warum er denn in seiner Arbeit so hemmungslos von einem anderen abgeschrieben habe, antwortete er, dies sei die übliche „Ehrerbietung an den Schöpfer des Originals". Bei einem früheren Besuch in der Firma des Kollegen in Beijing konnte ich eine gewisse Variante dessen erleben: Der Schreibtisch war voll von Dokumenten anderer europäischer Firmen, die es meiner Einschätzung nach sicher **nicht** als Ehrerbietung ansehen würden, wenn Ihre Unterlagen diese Art freizügiger Verbreitung erleiden würden.

In der Praxis des realisierten Besuches war schnell eine einfache Lösung gefunden: Da China (genauer gesagt, die *Chinese Wind Energy Association* als Sponsor) *IEA Wind Contracting Party* ist, wurde zuerst in gemeinsamer Abstimmung einfach ein Thema aus der laufenden Task „turbinia" gewählt, dann wurden – schon etwas näher an eventueller kommerzieller Verwertung, aber weit weg von einem möglichen *dual use* umfangreiche Simulationen für ein neues aerodynamisches Profil durchgeführt. Es mag sein, dass es in anderen Ländern kulturell unproblematisch und politisch gewollt ist, sich in einem gewissen Umfang unerlaubt Wissen zu Nutze zu machen, um zu den Markführern aufzuschließen oder sogar die Führung anzustreben, doch gibt es auch kritische Stimmen. Diese betreffen vor allem das „aggressive Größenwachstum" (Lico 2024). Darunter lassen sich wohl auch die sich überbietenden Ankündigungen fassen, die leistungsstärkste Off-shore-Anlage entwickeln zu wollen. Goldwind und Mingyang haben zurzeit beide 16-MW-Prototypen im Versuch, wobei Letzterer sogar eine 22-MW-Anlage mit einem Rotordurchmesser von mehr als 310 m angekündigt hat.

Literatur

Lico E (2024) Wind turbine technology evolution is diverging quickly between China and the rest of the world. Wood Mackenzie, https://www.woodmac.com/news/opinion/wind-turbine-technology-evolution-is-diverging-quickly-between-china-and-the-rest-of-the-world. Zugegriffen: 11. Juni 2024

12

Forschung: Der aerodynamische Handschuh

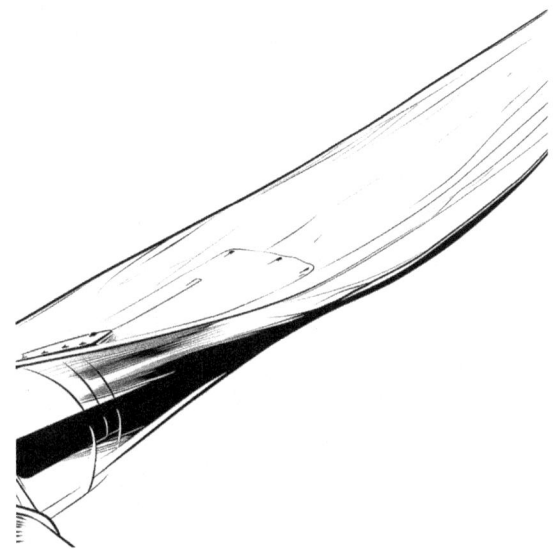

Abb. 12.1 Graphical abstract zu Kap. 12

Vorweg: Der „aerodynamische Handschuh" ist nichts anderes als die Übertragung einer gewissen Messvorrichtung aus der Luftfahrt auf die Windenergie. Wegen seiner Anschaulichkeit und Prägnanz hat dieser Begriff überraschenderweise gute Dienste bei der Beantragung von Drittmitteln geleistet. Was steckt dahinter? Eine allgemeine Theorie wie in Kap. 5 beschrieben steckt bestenfalls einen Rahmen ab und identifiziert wichtige, aber eher abstrakte Parameter zur Auslegung von Windturbinen unter idealen Bedingungen. Für den konkreten Bau einer „richtigen" Anlage, dem die Entwicklung, Konstruktion und Testung voraus gehen muss, ist das zu viel wenig, da nicht nur der globale Rahmen, sondern auch die vielen Details des täglichen Betriebes zu berücksichtigen sind. Als Bespiel sei der Wind genannt, der nicht konstant mit nur einer Geschwindigkeit weht, sondern – wie jeder weiß – fast auf jeder Zeitskala oberhalb von Sekunden variiert. Die größte Skala ist der Zeitraum der Lebensdauer einer Anlage, das sind heute 20 bis 30 Jahre. Standorte für Windparks werden nach jahresgemittelten Windgeschwindigkeiten bewertet, obwohl lange bekannt ist, dass Windjahre durchaus um 15 % (auf ein hypothetisches langjähriges Mittel bezogen) nach unten oder oben schwanken können. Wird der Wind z. B. an der Nordsee auch in 30 Jahren so stark sein wie bisher und was bewirkt der Klimawandel? Fragen, die zurzeit aktiv in der Forschung diskutiert werden. Geht man zurück zum Begriff des Windjahres, so wird klar, dass man Statistik betreiben muss, d. h. man muss über diesen Zeitraum am Ort des geplanten Windparks (im Englischen: wind farm) in der geplanten Nabenhöhe messen. Dazu gibt es die bekannten Schalenkreuz-Anemometer (moderner sind Messvorrichtungen auf akustischer und optischer Basis, die den Doppler-Effekt nutzen), die in der Lange sind, die Windgeschwindigkeit einfach in eine

12 Forschung: Der aerodynamische Handschuh

leicht zu zählende Drehzahl umzuwandeln. So kann man geradezu bequem im Sekundentakt Daten sammeln und stellt fest, dass sich die Werte sehr schnell und scheinbar zufällig ändern. Es sieht fast so aus, als ob im Wind Fluktuationen aller Frequenzen vorhanden wären. Dies wird unter den Begriff der Turbulenz gefasst. Strömungen sind grob gesagt in zwei Zuständen möglich: laminar und turbulent. Erstere findet man bei langsam fließenden, zähen Fluiden, also z. B. Honig vom Löffel oder Schmieröl aus dem Behälter. Der etwas ungewöhnliche Name dafür ist „laminar". Das kommt vom klassischen sogenannten Farbfadenversuch, bei dem übereinanderliegende, strömende Schichten (laminae) nicht durchmischt werden. Im Gegensatz dazu findet bei turbulenter Strömung eine rasche und starke Durchmischung statt. Somit kann man Mittelwerte nur eingeschränkt als repräsentativ betrachten, da die Schwankungen um diesen Mittelwert („Standardabweichung", die mit dem griechischen Buchstaben Sigma (σ) bezeichnet wird) oft sehr groß sind. Das Verhältnis dieser beiden Größen bezeichnet sehr passend den „Turbulenzgrad" des Windes. Eine Strömung mit Turbulenzgrad Null ist dann laminar. Für die Jahresstatistik kondensiert man die im Sekundentakt auflaufenden Werte zu sogenannten 10-min-Mittelwerten. Das hat einen guten Grund: Untersucht man das „Spektrum" des Windes, d. h. die Verteilung der Energie als Funktion der Frequenz, so bemerkt man deutliche Unterschiede und vor allem eine regelmäßige Lücke bei 10 min. Die Deutung ist folgende: Die „wesentliche" Turbulenz setzt sich aus Frequenzen zusammen, die schnellerer Bewegung als einer 10-min-Periode entsprechen. Alles mit kleineren Frequenzen, z. B. der Tag-Nacht-Wechsel oder der sogenannte synoptische Peak, der den typischen Wellen der Wettersysteme entspricht, wird also in der Statistik aufgelöst. Die Simulation der Belastungen enthält also alle relevanten „Skalen" der Turbulenz. In einem Jahr kommen also ca. 52.000 Werte zusammen, die – zusammen mit einem typischen Turbulenzgrad – den Standort gut beschreiben. Allerdings ist es zu langwierig und zu aufwendig, ein ganzes Jahr lang zu messen, daher wird oft ein anderer Weg beschritten: die Korrelation mit anderen (nahen) Orten und bereits gemessenen Daten, z. B. von Deutschen Wetterdiensten. Solche Standortbeschreibungen sind zwingend notwendig, wenn man einen neuen Windpark plant und die Wirtschaftlichkeit und Finanzierung nachweisen muss, die schon früher (zur Zeit des ersten Booms um 2000) zweistellige Millionenbeträge ausmachen konnte. Das Windgutachten, auf dessen Ergebnissen die Investition gründet, wurde (damals) oft zu oberflächlich, weil zu schnell zu erstellt und mit zu geringem Budget ausgestattet. So konnte es leicht passieren, dass die gewünschten Erträge viel zu gering ausfielen und der Windpark letztlich unwirtschaftlich war. Glücklicherweise hat die Qualität der Gutachten inzwischen das notwendige Niveau erreicht und einige Bundesländer helfen sogar mit flächendeckenden, öffentlich zugänglichen Daten.

Doch was hat das alles mit dem aerodynamischen Handschuh zu tun? Nun, da ein moderner Windturbinenflügel, kurz Flügel oder Blatt, als Auffädelung von aerodynamischen Profilen betrachtet werden kann (s. Abb. 12.2), ist hochrelevant, welche Profile die „besten" sind.

Natürlich sind „gut" und „schlecht" keine Adjektive, die im technischen Bereich verwendet werden sollten, besser werden quantitative Ziele formuliert. In unserem Fall ist der übliche Qualitätsmaßstab die Gleitzahl, das Verhältnis aus Auftrieb und Widerstand. Anschaulich ist das die Stecke, die ein Flugzeug antriebslos aus einer Höhe von z. B. 12 km gleitet, bevor es den Boden erreicht.

12 Forschung: Der aerodynamische Handschuh

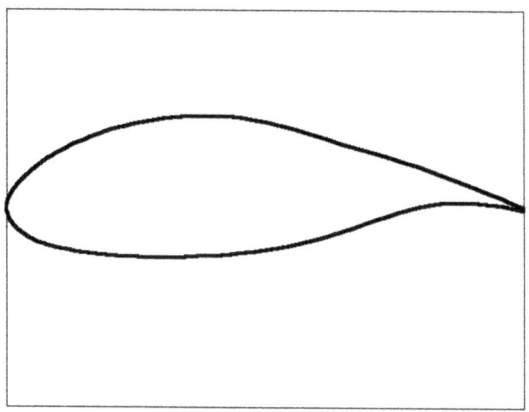

Abb. 12.2 Die Form eines typischen, aerodynamischen Profils. Nach dem Prandtl'schen Gesetz muss man sich die Anströmung horizontal von links nach rechts vorstellen. (Eigene Darstellung)

Flugzeuge haben eine Gleitzahl von ca. 15, „gute" aerodynamische Profile liegen bei 200. An dieser Stelle kommt die Turbulenz wieder ins Spiel. Profile mit solch großen Zahlen sind unter dem Namen „Laminarprofile" bekannt und vor allem bei Segelflugzeugen in Gebrauch, deren Gleitzahl wesentlich größer ist als die von Verkehrsflugzeugen. Im Sinne von immer effizienteren Flugzeugen, also solchen, die weniger Treibstoff benötigen und damit weniger CO_2 emittieren, wird der Einsatz dieser Laminarprofile auch hier immer wichtiger.

Für die Blätter spielt dies eine erhebliche Rolle, denn je höher die Gleitzahl, desto kleiner sind die aerodynamischen Profilverluste (über die beiden anderen Verlustarten, nämlich Drall- und „tip"-Verluste, informieren die einschlägigen Fachbücher), die einen erheblichen Anteil ausmachen können. Nichts scheint daher (auf den ersten Blick) naheliegender, als generell diesen Typus von Profilen zu wählen, wäre da nicht (bei näherem Hinsehen) die Turbulenz des Windes. Wie kann es dann überhaupt möglich sein, laminare – also reibungs- und verlustarme – Strecken auf dem Blatt zu haben, wenn die Anströmung selbst schon so turbulent ist? Das ist genau die Frage, die mit einem aerodynamischen Handschuh (s. Abb. 12.3) beantwortet werden soll. Vorbild und Beispiel waren dabei jene Forscher, die in (kleinen) Flugzeugen, z. B. beim DLR in Braunschweig und an den Technischen Universitäten Berlin und Darmstadt im Einsatz waren. Die Hürden, die Ergebnisse „einfach" auf eine Windturbine zu übertragen, waren indes nicht gering. Von der ersten Idee (2004) bis zum ersten Experiment (2011) brauchte es sieben Jahre, das zweite Experiment konnte auch erst 2018 stattfinden, also ebenfalls sieben Jahre später.

Viele tatkräftige Kollegen von befreundeten Hochschulen und Unternehmen aus Schleswig–Holstein haben bei der Realisierung geholfen und das Land selbst hat großzügige Fördermittel zur Verfügung gestellt. Besonders hilfreich war, dass es zwei Forschungswindmühlen gibt, eine kleine ENERCON E30 mit 30 m Rotordurchmesser und 200 kW Nennleistung sowie eine REpower/SENVION MM92 mit 92 m Rotordurchmesser und 2000 kW Nennleistung. Hinzukam, dass die Windverhältnisse an den beiden Standorten, dem Campus der HS Flensburg und dem

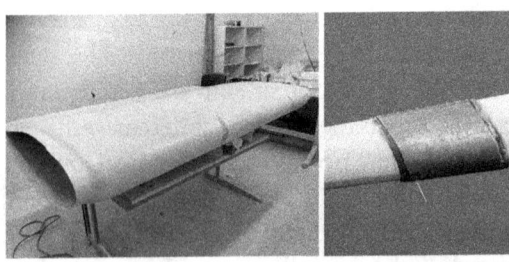

Abb. 12.3 Ein aerodynamischer Handschuh in der Werkstatt (2023) und montiert an einer Windturbine (2018). (Fotos: Schaffarczyk)

12 Forschung: Der aerodynamische Handschuh

ehemaligen Militärflughafen in Eggebek ausgezeichnete Windverhältnisse haben. Die Nabenhöhen betragen 50 bzw. 100 m, sodass an (fast) allen Tagen – sogar im Sommer – gemessen werden konnte. Was kam dabei heraus? Zunächst konnten in den beiden im Detail unterschiedlichen Messverfahren eindeutig laminare (also reibungsarme und somit effizientere) Bereiche auf dem Flügel identifiziert werden. Da für die Anlage in Eggebek sogar die genaue Beschreibung der Flügelgeometrie vorlag, war sichtbar, dass die Ingenieure bereits die oben angesprochenen Laminarprofile eingesetzt hatten. Wäre dies nicht der Fall gewesen, hätte man mit dem Handschuh die Kontur so anpassen müssen, dass ein entsprechendes Profil entsteht. So wurde es bei den weiter unten bereits angesprochenen Flugzeugexperimenten in Braunschweig und Darmstadt gemacht. Um die Realität im Bild zu veranschaulichen, zeigt Abb. 12.4 das Ergebnis der Messung. Es wurde gewonnen, indem mit einer sehr empfindlichen und folglich sehr teuren Wärmebildkamera ein Bild gemacht wurde. Da turbulente Strömungen sehr viel schneller durchmischen und damit auch besser kühlen, kann man anhand der geringen Temperaturunterschiede auf der Oberfläche (wenige Grad) die beiden Zustände deutlich unterscheiden. Es ist sehr wichtig, dass die Oberfläche vor der Messung überall die gleiche Temperatur aufweist. Hierbei hatten wir Glück: Der Handschuh war schwarz (da aus Kohlefasern hergestellt) und wurde durch die Sonne (da wir im August gemessen haben) schnell aufgeheizt, wenn die Anlage angehalten wurde. Es war sehr eindrucksvoll zu sehen, wie schnell dieser riesige Rotor nur durch den (am Boden scheinbar schwachen) Wind in wenigen Sekunden anfing zu drehen.

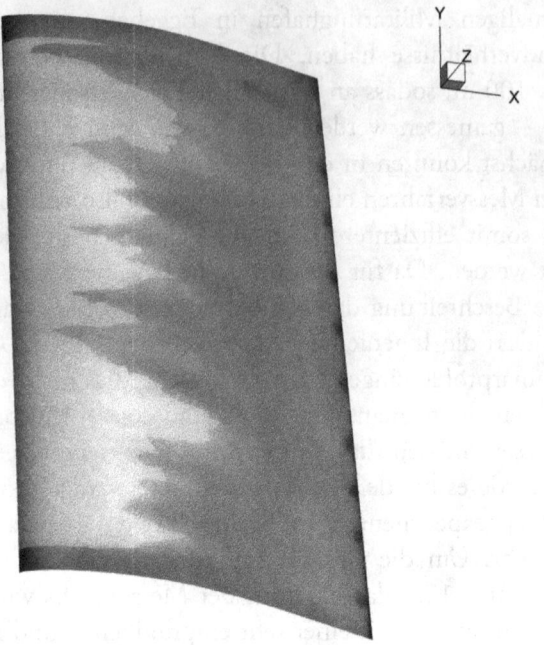

Abb. 12.4 Farbliche Kodierung laminarer (gelb) und turbulenter (grau) Bereiche auf dem aerodynamischen Handschuh an der MM92 in Eggebek. Anströmung (Prandtl'sches Gesetz!) von links. Die Grenze laminar-turbulent ist nicht scharf, da Verunreinigungen oder eine zu raue Oberfläche Anlass zu Turbulenzkeilen geben (eigene Darstellung)

13

Publizieren: Open oder Closed Access?

Abb. 13.1 Graphical abstract Kap. 13

Die Ergebnisse wissenschaftlicher Arbeit werden in wissenschaftlichen Zeitschriften veröffentlicht, da sie mit öffentlichen Geldern finanziert werden. Diese Tradition geht bis in die Antike zurück und wurde immer wieder durch technische Entwicklungen (Buchdruck, Internet) weiter beflügelt. Das ist in der Windenergie nicht anders. Im Zuge der Digitalisierung hat sich jedoch manches geändert, einiges meiner Meinung nach auch grundlegend. Ranking-Systeme für Autoren (eines davon – vielleicht das bekannteste – ist Google Scholar), Universitäten und auch Zeitschriften spielen eine große Rolle. Hier ist wichtig anzumerken, dass es schon immer gewisse Unterschiede im Ansehen gegeben hat. Ein *nature paper* ist etwas anderes als eine Veröffentlichung im *Journal of Irreproducible Results* und das MIT (Massachusetts Institute of Technology) ist etwas anderes als eine mittlere Hochschule in Schleswig–Holstein. Der Hirsch-Index oder kurz h-Index nach J.E. Hirsch: *An index to quantify an individual's scientific research output* ist ein solcher bekannter Index. Er funktioniert ungefähr so: Ein Autor oder eine Autorin einer Veröffentlichung hat den h-Index h, wenn sie mindestens h-mal von anderen zitiert wurde. Bewertet wird also die Anerkennung innerhalb einer gewissen Gemeinschaft. Kritik daran ist aus verschiedenen Gründen möglich. Ein Beispiel: Die Entdeckung der Gravitationswellen oder eines besonderen Elementarteilchens wurde in Publikationen bekannt gemacht, deren Autorenliste zum Teil mehrere hundert Personen umfasste. Jeder/jede bekommt aber den gleichen Bonus. Es gibt auch intrinsische Unterschiede zwischen den Fachgemeinschaften. Bahnbrechende Originalarbeiten in der Mathematik (wie zum Beispiel der Beweis der Fermat'schen Vermutung von A. Wiles) werden selten in *nature* veröffentlicht und sind oft nur einer sehr kleinen Leserschaft zugänglich. Die einzige mir zurzeit bekannte Veröffentlichung in *nature* zur

13 Publizieren: Open oder Closed Access?

Windenergie ist: *Insects can halve wind-turbine power* der Kollegen Gustav Corten und Hans (Dick) Veltkamp aus den Niederlanden. Sie haben es mit dieser kurzen Notiz vor mehr als 20 Jahren geschafft. Neueren Datums ist *Grand challenges in the science of wind energy* eines Autorenkollektives in *science,* dem US-Pendant zu *nature.* Deren sogenannte „impact-factors" sind allerdings nicht gravierend unterschiedlich. Der Publikationsbetrieb hat natürlich auch eine wirtschaftliche Seite, die sich anhand der Umsätze der größten Verlage (Elsevier, Wiley, Springer Nature u. a.) bemessen lässt – sie betragen Milliarden Euro. Woher kommen die Einnahmen? Bis vor nicht allzu langer Zeit bezahlten die Leser – oft über die Bibliotheken der Institutionen, der sie angehören – die Autoren mussten nicht oder nur sehr wenig bezahlen. Als die Budgets der Bibliotheken sich verringerten, sich die Preise der Abonnements aber gleichzeitig eher erhöhten, kam dieses System in eine gewisse Krise, auch, weil von extrem hohen Gewinnmargen pro Artikel gemunkelt wurde. Verschärft wurde die Situation dadurch, dass Papier-Versionen dieser Zeitschriften eigentlich obsolet wurden, da sie oft nur noch am Rechner (und/oder Reader) gelesen wurden. Dazu muss bemerkt werden, dass die Autoren ihre Manuskripte auch weitestgehend publikationsreif einzureichen haben, und damit – im Grunde – wenig für die Verlage zu tun bleibt, auch wenn diese wahrscheinlich eine andere Meinung dazu haben. Zu alledem kam dann noch ein (maßgeblich durch einen chinesisch-schweizerischen Online-Verlag befördert) neues Konzept auf: Open Access (in etwa: freier Zugang). Die Idee: Leser sollen freien Online-Zugang zu den Publikationen haben. Damit entfallen die Verkaufseinnahmen für den Verlag, der die Kosten für den Publikationsprozess und die Online-Infrastruktur mit allen Funktionen trägt, sodass bei Open-Access-Publikationen entweder die Autoren (möglichst aus Fördermitteln) oder publizierende Firmen eine Gebühr für den Prozess der Veröffentlichung zahlen. Um eine Größenordnung für die Kosten zu geben: Für eine typische Veröffentlichung von etwa 30 Seiten werden mehrere Tausend Euro fällig. Manchmal werden diese Gebühren von Projektförderern übernommen, ansonsten ist es gerade für kleinere Hochschulen schwierig, diese Mittel aufzubringen. Es wird oft diskutiert, wie sich diese neue Form auf die Qualität (sehr schwierig zu definieren) der Publikationen auswirkt. Diese sicherzustellen ist im Wesentlichen Aufgabe des *Peer-Review*-Systems (etwa: Begutachtung durch Fachkollegen), aber wie ein Kollege bemerkte: „Gutachter sind auch nur Menschen". Nimmt man die Aufgabe ernst, so ist man mehrere Tage mit dem Gutachten beschäftigt, eine Dienstleistung, die dem Autor und dem Verlag unentgeltlich zur Verfügung gestellt wird. Ein gewisser moralischer Druck, diesen Beitrag zu leisten, ist vorhanden, weil man ja selbst eine gewisse Anzahl von Publikationen veröffentlichen möchte, also sollte man selbst eigentlich die doppelte Anzahl (da es pro paper – mindestens – zwei Gutachter gibt) der eigenen Artikel begutachten. In der Windenergieforschung haben sich *WIND ENERGY* (Herausgeber: *Wiley*) und *Wind Energy Science* (Herausgeber: *European Academy of Wind Energy*) etabliert, wobei es eine gewisse Anzahl von Zeitschriften gibt, die auch noch andere Thematiken als Windenergie akzeptieren, z. B. *Renewable Energy*. Wie dieses System angesichts der auch hier exponentiell (um etwa 4 % pro Jahr) anwachsenden Artikelzahl (Gesamtzahl ca. 5 Mio. 2022) seine Qualität und Reputation beibehalten kann, sei dahingestellt.

14

Entwicklung: Fast eine Kleinwindanlage in Serie

Abb. 14.1 Graphical abstract zu Kap. 14

Durch den enormen Preissturz bei der Fotovoltaik in den letzten Jahren und den gestiegenen Kosten für Elektrizität haben sich viele Hauseigentümer (sofern sie die nicht unerheblichen Investitionskosten leisten konnten) eine Art Eigenversorgung in Form von Solarmodulen aufs Dach gelegt. Das funktioniert gut. Sogar die sogenannten Balkonkraftwerke scheinen erfolgreich zu sein. Da selbst große Lebensmitteldiscounter und Baumärkte Angebote für einige Hundert Euro haben und Erträge von einigen hundert kWh erreicht werden sollen, kann sich jeder leicht selbst ausrechnen, ob sich so eine Anschaffung für ihn lohnt. Was läge logisch näher, als in der dunklen Jahreszeit noch ein Kleinwindkraftwerk (s. Abb. 14.2 zur Eigenproduktion von Elektrizität zu nutzen?

Abb. 14.2 Eine Kleinwindanlage mit Ring. (Eigene Darstellung)

14 Entwicklung: Fast eine Kleinwindanlage in Serie

Wie so oft, steckt auch hier der Teufel im Detail. Es gibt zwar eine große Anzahl von entsprechenden Anbietern (einige sogar in Baumärkten), allerdings muss gesagt werden, dass viele Anlagen nicht den bekannten und in einer Norm (IEC/DIN/EN 61400–2 (Ed. 3) veröffentlichten Richtlinien für sicheren Betrieb entsprechen und viele potenzielle Betreiber sich nicht im Klaren sind, ob der gewählte Standort (im Garten oder auf dem Dach) überhaupt genug Wind hat. Fangen wir mit Letzterem an: Eine Windenergieanlage gilt in Deutschland juristisch als Bauwerk. Daher ist jeweils das lokale Bauamt für eine Genehmigung zuständig. Einige Bundesländer verzichten auf ein Genehmigungsverfahren, wenn die Gesamthöhe der Anlage 10 m nicht übersteigt. Das ist sehr niedrig, denn die Windgeschwindigkeit nimmt mit der Höhe zu und ist am Boden (genauer: unterhalb einer gewissen, etwas künstlich festgelegten Rauheitslänge) Null. Möchte man nicht langwierige (1 Jahr!) Messungen direkt am eigenen Standort durchführen, so kann man auf die öffentlich zugänglichen Windkarten des Deutschen Wetterdienstes (DWD) zugrückgreifen. Manche Bundesländer (Bayern, Baden-Württemberg und Hamburg) haben sogar eigene Windatlanten herausgegeben. Es gibt auch Internetportale, die nach einigen Angaben über Standort und Anlage eine Wirtschaftlichkeitsrechnung vorlegen. Doch weder diese Angebote und noch die vielen YouTube-Videos entbinden von der eigenen Verantwortung für einen sicheren Betrieb. (Verbraucherzentrale NRW 2023).

Faustregel 1
Die (jahresgemittelte) Windgeschwindigkeit sollte mindestens 4 m/s (14,4 km/h) betragen. Warum, wird weiter unten erklärt.

Ist man sich dessen sicher, bleibt die weitaus schwierigere Frage der Wahl einer Anlage.

Faustregel 2
Die Anlage muss **unter allen Umständen sicher** sein. Was bedeutet das genau?

1. Innerhalb der garantierten oder avisierten Lebensdauer (20, 10 oder 3 Jahre) muss die Anlage den in diesem Zeitraum zu erwartenden Extremwinden standhalten. Sie darf z. B. nicht durchdrehen und sich in ihre Einzelteile zerlegen. Diese Extremwinde sind den definierten Windklassen zugeordnet. Windklasse III legt z. B. als „Bezugswindgeschwindigkeit" 37,5 m/s (135 km/h) fest. Dies ist der Lastfall H der oben erwähnten Norm.
2. Innerhalb der Lebensdauer muss die Anlage im „Normalbetrieb zur Leistungserzeugung" (Lastfall A) den sogenannten Ermüdungslasten standhalten. Materialermüdung kann vor einem größeren Schaden (unter Umständen) durch regelmäßige Inspektion kritischer Stellen vermieden werden. Dies sollte dann in der Betriebsanleitung klar erkennbar sein.

Ein der Norm entsprechender Nachweis („Konformität") der Sicherheit kann mittels drei, ebenfalls in der Norm genau beschriebener Verfahren geführt werden. Der einfachste ist mit einem schlichten Excel-Sheet innerhalb kurzer Zeit machbar, hat aber den gravierenden Nachteil, dass hohe Sicherheitsfaktoren zu sehr massiver Bauweise zwingen, die oft zu nicht rentablen Anlagen führt. Ein Ausweg besteht darin, die Analyse zu verfeinern, was mit kleineren Sicherheitsfaktoren belohnt wird, allerdings sind hierfür spezielle Programme und viel Zeit (Personenmonate, wenn nicht -jahre) nötig, die bei den mittelständig organisierten Unternehmen der Kleinwindbrache nicht aufgebracht werden können. Spezialisierte Ingenieurbüros können das übernehmen – zu den üblichen Preisen, die leicht sechsstellig werden können, da der Aufwand durchaus mit dem bei Großwindanlagen vergleichbar ist.

Faustregel 3
Der Hersteller muss eine (von einem akkreditierten Testfeld) durchgeführte Leistungsmessung vorlegen (s. Abb. 14.3). Diese ergibt zusammen mit der statischen Verteilung des Windes am geplanten Standort eine Abschätzung des Ertrages in kWh/Jahr. Der Hersteller sollte eine Tabelle mit Erträgen als Funktion der Windgeschwindigkeit von 4 m/s bis 6 m/s bereitstellen.

Es muss gesagt werden, dass es wegen der hohen Kosten nur sehr wenige voll zertifizierte Anlagen gibt. Dazu gehören z. B. die Skysteam 3.7 und EasyWind 6. Prinzipiell können auch Anlagen ohne volle Zertifizierung verlässlich sein, es ist dann nur sehr viel schwieriger, die Anlage hinsichtlich Sicherheit und Leistungsvermögen zu bewerten.

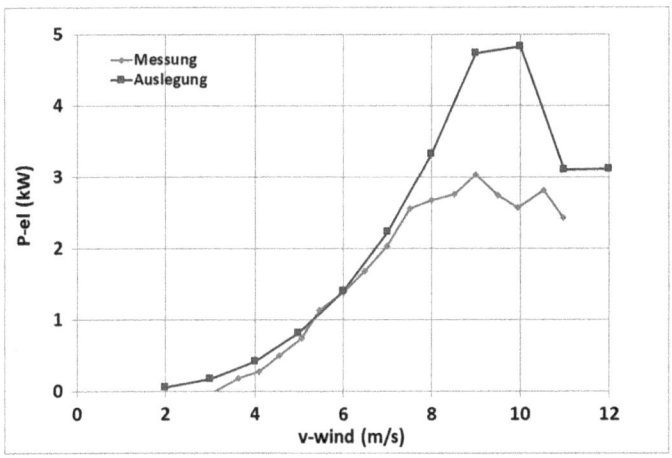

Abb. 14.3 Gemessene (blau) und gerechnete (rot) Kennlinie der KWEA von Abb. 12.4. Aufgetragen ist die elektrische Leistung als Funktion der momentanen Windgeschwindigkeit. (Eigene Darstellung)

Kommen wir nun zu einer ungefähren Abschätzung der Wirtschaftlichkeit – auch hier sind alle genannten Zahlen am besten selbst zu verifizieren. Vorweg: Die Verbraucherzentrale NRW (2024) warnt: *„Mini-Windräder lohnen sich im Privathaushalt finanziell nicht"*. Klein, mini, mikro? Die Norm definiert Kleinwindanlagen durch ihre „überstrichene Rotorfläche", unabhängig von der Leistung, die kleiner als 200 m$_2$ sein muss. Ein Kreis gleicher Fläche hat einen Durchmesser von knapp 16 m. Je nach Windklasse und „Nennwindgeschwindigkeit" könnte man aus dieser Fläche gut 80 kW ernten. Demgegenüber ist die Bedeutung von „mini" oder „mikro" weder einheitlich noch genormt. Der Bundesverband Windenergie (BWE) bezeichnet alle Anlagen, deren Nennleistung kleiner als 5 kW ist, als Mikrowindanlage, oft verbindet man damit eher Anlagen mit kleinem Durchmesser, z. B. ein oder zwei Meter. Die Anschaffungspreise variieren sehr stark, auch wenn man sie pro kW normiert. 3000 bis 4000 € pro kW sind mindestes zu veranschlagen. Nehmen wir die EasyWind 6 als Beispiel. Alles in allem soll die Installation ca. 30 T€ kosten. Je nach Standort erzeugt diese Anlage 10 bis 20 MWh pro Jahr. Nach 10 (20) Jahren kommt man so auf einen Preis pro kWh von 30 (15) €ct für den Standort mit dem geringeren Ertrag. Man darf aber nicht verschweigen, dass diese Anlage für eine ganz spezielles Marktsegment ausgelegt ist, nämlich landwirtschaftliche Betriebe im sogenannten Außenbereich, die oft schon über große Dachflächen mit Fotovoltaik verfügen. Und Anlagen auf dem Dach eines klassischen Einfamilienhauses? Nimmt man einen (eher zu großen) Rotordurchmesser vom 2 m an, so wird die Nennleistung um die 1 kW sein. Optimistisch geschätzt wird man einen Jahresertrag von ca. 700 kWh bekommen, den man bei vollständigem Eigenverbrauch mit etwa 280 € bewerten könnte. Könnte man eine solche Anlage für 3000 € kaufen, so hätten sich die reinen Anschaffungskos-

14 Entwicklung: Fast eine Kleinwindanlage in Serie

ten nach etwa 10 Jahren amortisiert. Mir ist nicht bekannt, ob es eine solche Kleinstwindanlage auf dem Markt gibt.

Seit etwa dem Jahr 2000 gab es parallel zu den Großwindanlagen einen Boom für Kleinwind. Viele Handwerksbetriebe versuchten sich, neben den klassischen Drei-Blatt-Horizontalrotoren wurden auch die eher ungewöhnlichen Rotoren mit vertikaler Achse wie Darrieus- oder Savonius-Rotoren geplant. Meistens kam es nur bis zur Konzeptphase, nur wenige Prototypen wurden im Windkanal getestet, noch weniger auf Testfeldern wie z. B. dem im Kaiser-Wilhelm-Koog in Schleswig–Holstein, wo schon der (eigentlich die) GROWIAN geprüft wurde. Professionell entwickelt wurde neben der schon erwähnten EasyWind-Anlage in den Jahren 2000 bis 2005 eine Fünf-kW-Anlage des bekannten Büros aerodyn Energiesysteme in Rendsburg. Ziel des mit Bundesmitteln geförderten Projektes war (damals) eine auf 20 Jahre Lebensdauer ausgelegte, wartungsarme Anlage mit einem Preis von ca. 5 T€, bei Serienfertigung von 1000 Anlagen pro Jahr noch niedriger. Eine Besonderheit betraf das Blatt: Es hatte weder die sonst übliche Verwindung noch eine typische Änderung der Breite (Tiefe), da es durch Strangziehen kostengünstig hergestellt werden sollte. Leistungsmäßig erfüllte der Prototyp alle Erwartungen, eine Vorserie wurde gebaut und international getestet, aber leider wurde die volle Serienproduktion nicht aufgenommen. Etwa 10 Jahre später wurde die CEwind EG damit beauftragt, eine Kleinwindanlage zur Nutzung auf einem Firmengelände zu entwickeln und Unterlagen für die Zertifizierung zu erstellen. Eine Besonderheit war ein speziell ausgeformter Ring um den Rotor, der zum einen eine Art Trichter bilden sollte, um die Anströmung zu verstärken, und zum anderen die Windrichtungsnachführung bewerkstelligen sollte. Der Durchmesser sollte 6 m betragen und die Leistung auf 6 kW bei 10 m/s Windgeschwindigkeit begrenzt werden. Dafür wurde ein spezielles pitch-system entwickelt, dass die Blätter aufgrund gekoppelter Fliehkraft plus Kreiseleffekt aus dem Wind „pitched", also den Anstellwinkel soweit verringert, dass die Leistung konstant bleibt. Dafür musste ein sogenannter „aero-elastischer" Berechnungscode um diese Funktionalität erweitert werden. Der Mehraufwand hat sich gelohnt, da im Vergleich zum vereinfachten Lastenschema wesentlich niedrigere Lasten bestimmt wurden, die es gestatteten, wichtige Komponenten relativ leicht zu gestalten. Aber auch hier wurde nach sehr ermutigenden Zwischenergebnissen keine Weiterentwicklung zur Serienreife angestrebt. Auch die „großen" Hersteller haben davon Abstand genommen, diese Anlagen in Serie zu bauen. Als Ausnahme sei die E-10 der Firma ENERCON genannt, eine Anlage mit 10 m Rotordurchmesser und einer Leistung von 30 kW. Eine davon wurde 2009 in der Antarktis zur Versorgung der Neumayer-Station III eingesetzt, da dort mit 9 m/s jahresgemitteltem Wind exzellente Bedingungen vorherrschen. Zwar konnten ca. 10 % des Energiebedarfes (der überwiegend durch Dieselkraftstoff bereitgestellt wird) damit gedeckt werden, allerdings sind die Umweltbedingungen extrem: Als maximale Windgeschwindigkeit sind knapp 70 m/s (245 km/h) zu ertragen und die tiefste Umgebungstemperatur beträgt $-55°C$. Man muss auch berücksichtigen, dass die nächste Tankstelle ca. 4600 km entfernt in Kapstadt liegt.

Literatur

Verbraucherzentrale NRW (2023) Kleinwindkraftanlagen: Das sollten Sie wissen. Verbraucherzentrale.de. https://www.verbraucherzentrale.de/wissen/energie/erneuerbare-energien/kleinwindkraftanlagen-das-sollten-sie-wissen-10857. Zugegriffen: 11. Juni 2024

15

Bauen: 500 Blätter

Abb. 15.1 Graphical abstract zu Kap. 15

© Der/die Autor(en), exklusiv lizenziert an Springer Fachmedien
Wiesbaden GmbH, ein Teil von Springer Nature 2024
A. P. Schaffarczyk, *Windig hier! Vom Kuriosum zum Mainstream*,
https://doi.org/10.1007/978-3-658-44976-6_15

Es ist wesentlich einfacher, nur einen Teil einer Windenergieanlage zu entwickeln als eine komplette Anlage und von diesem Teil – wir sprechen vom Blatt – nur die äußere Form. Im Rahmen der Anfang der 2000er Jahre begonnen eigenständigen Entwicklung von Off-shore-Windenergieanlagen der 5 Megawatt-Klasse mit Rotordurchmessern von mehr als 120 m kam eine Zusammenarbeit mit einem Ingenieurbüro zustande innerhalb derer die reine aerodynamische Auslegung (Entwicklung) eines neuen Blattes für diese Klasse erfolgen sollte. Dieser enorme Sprung im Längenwachstum war von einem gewissen Unbehagen begleitet: In etwa zur gleichen Zeit hatte ein renommierter, wissenschaftlicher Mitarbeiter beim Deutschen Zentrum für Luft- und Raumfahrt (DLR) davor gewarnt, dass gewisse aerodynamischen Eigenschaften – insbesondere der Auftrieb – bei diesem „up-scaling" einbrechen könnten. Wäre dies tatsächlich der Fall, so müssten komplett neue aerodynamische Profile entwickelt werden, die erst aufwendig in speziellen Windkanälen untersucht werden müssten. So entschloss man sich erst einmal ein kritisches Profil in einem Windkanal zu vermessen, der die Strömungsbedingungen der vergrößerten Blätter repräsentativ (strömungsmechanisch „ähnlich") abbilden konnte. Einen solchen Kanal zu finden ist nicht einfach: Man hat die Wahl zwischen drei sehr verschiedenen Herangehensweisen:

- Zum einen kann man versuchen, die Probekörper („Modelle") einfach so groß zu machen, wie sie sein werden. Das ist möglich, findet aber eine natürliche Beschränkung in der Baugröße des Kanals. So hat der größte Windkanal Europas (LLF = Large Low-Speed Facility) nahe Amsterdam einen Messquerschnitt von maximal $9{,}5 \times 9{,}5$ m^2. Die Kosten dafür sind wohl sechsstellig – pro Tag.

- Die nächsten beiden Möglichkeiten nutzen Effekte, die sich aus der genauen Bedeutung des Begriffs der strömungsmechanischen Ähnlichkeit ergeben. Man muss die Zähigkeit des strömenden Mediums reduzieren, dann darf man entweder die Baugröße oder die Anströmgeschwindigkeit kleiner halten als im realen Fall am Blatt. Dazu könnte man von Luft auf Wasser wechseln oder die Luft drastisch abkühlen. Beides kann die Zähigkeit in etwa um 90 % reduzieren.

Wasser schied aus, daher blieb noch der Kryo-Kanal Köln (KKK). In diesem wird nicht Luft, sondern deren Hauptbestandteil, Stickstoff, auf −170 °C heruntergekühlt, um die Zähigkeit im gewünschten Maß zu verkleinern. Das stellt einen immensen technischen Aufwand dar, der angesichts des vermeintlich drohenden „Zusammenbruchs der Aerodynamik" nicht zu vermeiden war. Glücklicherweise zeigte sich in der Messung, die von umfangreichen Simulationen begleitet wurde, keine solche abrupte negative Entwicklung, sondern eher ein positiver Trend, der durch die klassische „Profilaerodynamik" recht gut beschrieben wurde. Nur „recht gut", weil nicht alles auf Anhieb verständlich war. Nach intensiven Diskussionen, auch mit Experten der Technischen Universität Delft in den Niederlanden und einer Wiederholung der Versuche ein Jahr später konnte ein konsistentes Bild erstellt werden. Es war also auch weiterhin möglich, die Entwurfsverfahren zu nutzen, so wie man es bisher für die aerodynamische Auslegung eines Flügels getan hatte. Ein Flügel stellt nach dem Turm die teuerste Einzelkomponente dar. Für den Bau braucht man eine Form, die aus zwei langen Halbschalen besteht, in die je eine Längshälfte des Flügels hineingelegt werden. Zum Schluss werden beide Hälften miteinander verklebt. Die Kosten für eine solche Form sind ebenfalls immens, daher hat jeder Fehler gravierende Folgen für die Wirtschaftlichkeit der Anlage.

Nach welchen Kriterien wird entworfen? Zunächst könnte man meinen, man versuche, einen maximalen Wirkungsgrad zu erreichen, d. h. dem Betz'schen Grenzwert möglichst nahe zu kommen. Überraschenderweise lässt sich dies ziemlich einfach auf den Blattentwurf übertragen, sodass dieses „$a = 1/3$" Kriterium immer noch weite Verbreitung genießt. Nimmt man es ernst, wird der Bau – beginnend mit der Form – doch ziemlich kompliziert und somit teuer. Ein hoher Wirkungsgrad stünde dann überproportional hohen Zusatzkosten gegenüber, anders gesagt: Verzichtet man auf einen maximalen, aerodynamischen Wirkungsgrad, kann man vielleicht den „Preis pro kWh" reduzieren. Der Grund dafür ist einfach, dass weniger Leistungsentzug weniger Lasten und somit weniger Material für tragende Komponenten – auch den Turm – nach sich zieht. Technische Entwürfe sind immer eine umfassende Aufgabe, nicht einzelne Teile sollen glänzen, sondern der Gesamteindruck muss stimmen!

Mit diesen Prämissen machte sich unsere Gruppe an die Arbeit und konnte nach umfangreichen Literaturrecherchen und Berechnungen mit verschiedenen Verfahren eine Reihe von Varianten erarbeiten. Ein umfangreicher Bericht wurde erstellt; damit war das Projekt abgeschlossen. Ein Prototyp dieser Anlage wurde 2005 in Bremerhaven aufgestellt und getestet, später (2010) wurden sechs Anlagen im ersten deutschen Offshore-Testfeld *alpha ventus* aufgestellt und getestet. In den Jahren 2010 bis 2019 wurden 2,1 TWh Elektrizität eingespeist. Das entspricht einem Kapazitätsfaktor von 40 %, d. h. die Anlagen liefen in 40 % der Zeit des gesamten Jahres in Volllast. Dies ist zu vergleichen mit Werten on-shore, die in Deutschland um die 20 % betragen. Dazu ist wieder anzumerken, dass vor allem die letzte Zahl vielen (zu) niedrig vorkommen mag, könnte man doch den Eindruck gewinnen, dass die Anlagen 80 % der Zeit „still" stünden, d. h. keine Elektrizität produzierten. Das ist natürlich nicht richtig, denn es handelt sich hierbei um Mittelwerte zum Vergleich.

Viele Jahre später hatte ich Gelegenheit, Studierende des Windmaster-Programms bei einer Exkursion zu einem Blatthersteller zu begleiten. Erst in der Halle wird klar, wie groß, besser: lang und schwer, diese Strukturen sind. Abb. 15.2 zeigt Teile eines Blattes mit ca. 55 Meter Länge und einer Masse von ca. 17 t. Etwas weniger als 500 Blätter wurden dort hergestellt. Zufällig klebten an einer der Formen technische Zeichnungen, die mir aus den alten Berichten sehr vertraut waren. Da man nie weiß, ob und in welchem Umfang diese „theoretischen Vorauslegungen" tatsächlich zum Bau freigegeben werden, war dies eine schöne und positive Überraschung.

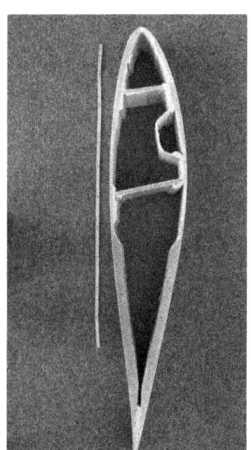

Abb. 15.2 Typischer Aufbau eines Blattes. Die dunkelgrünen Teile bestehen aus glasfaserverstärktem Kunststoff, die hellgrünen stellen Klebeflächen dar. Die braunen Teile sind Holz oder Schaum. Der runde Draht in der Mitte des linken Schubsteges ist eine Kupferader für den Blitzableiter. (Foto: Schaffarczyk)

Diese Anlage wurde etwas später (bei gleicher Leistung) mit einem größeren Rotor versehen, sodass neue Blätter von nun ca. 66 Meter Länge und einer entsprechenden größeren Masse (ca. 25 t bei Nutzung von Kohlefasern und ca. 30 t, falls man kostengünstigere Glasfaser nutzt) entwickelt wurden. Für eine Vergrößerung der Leistung auf acht Megawatt musste der Rotordurchmesser auf nun 180 m gebracht werden, die Blätter wurden nun aber von einem externen Hersteller, LM (für: *Lunderskov Møbelfabrik*) gebaut. Tatsächlich wurden viele der ersten Blätter aus Holz gebaut, da Faserverbundwerkstoffe zwar aus dem Flugzeugbau bekannt waren, aber die in den 1980er Jahren noch junge Windenergiebranche erst damit umgehen lernen musste. Das ist inzwischen getan, aber es ist doch ein gewisses Unbehagen spürbar, da Blätter aus überwiegend (mehr als 50 % Masse) Glasfasern sehr schwierig wieder oder weiter zu verwenden sind.

16

Ausblick: Was wird kommen?

Abb. 16.1 Graphical Abstract Kap. 16

„Prognosen sind schwierig, insbesondere, wenn sie die Zukunft betreffen", heißt es oft und, um das Gewicht zu erhöhen, wird dieser Satz Größen wie Niels Bohr oder anderen zugesprochen. Wie ich in Kap. 3 geschrieben habe, sind Energiewirtschaft und Energiepolitik stark verwoben oder sogar miteinander verschränkt. Natürlich wünscht man sich einen Ausblick, eine Projektion oder Vorhersage, die umso genauer eintritt, je mehr die aktuellen „Mechanismen" oder Gesetze ihre Gültigkeit auch für die Zukunft behalten.

Was hat die globale Entwicklung der Windenergie in den letzten 30 Jahren bestimmt? Sicherlich war es der politische Wille (die erste rot-grüne Bundesregierung nahm 1998 ihre Arbeit auf), den Ausstieg aus der Kernkraft zu organisieren und Kohle durch Erdgas bei der Bereitstellung nützlicher Energie zu ersetzen. Verbindliche Erklärungen zur Reduktion der Treibhausgase (insbesondere CO_2 aus der Verbrennung von Kohle, Öl und auch Erdgas) setzten sich jedoch erst später durch, ebenso die Erkenntnis, mehr Energie aus lokalen Quellen (d. h. aus Europa selbst) bereitstellen zu müssen, um fragile Abhängigkeiten zu vermindern. Nimmt man die Publikationen der IEA zur Hand und beschränkt sich auf den Zeitraum bis 2050 (also weniger als 30 Jahre), so kommt man nicht umhin, feststellen zu müssen, dass vor allem die Entwicklung in Asien bestimmend sein wird. Zwar ist die Wirtschaftsleistung der USA und Europas zusammen (nennen wir das den Raum 1) noch etwas mehr als doppelt so groß wie in China und Indien (Raum 2) zusammen; das zu erwartende stärkere Wachstum wird dort die Wirtschaftsleistung und proportional dazu den Energiebedarf und -verbrauch aber ebenfalls stark steigen lassen. Prognostiziert wird daher, dass in Raum 1 (2050) die CO_2-Emissionen immer noch etwa 3 Gto betragen werden, in Raum 2 sogar etwa 9 Gto. Zum Vergleich: 2023 betrugen die weltweiten Emissionen ca. 37

16 Ausblick: Was wird kommen?

Gto. Vor diesem Hintergrund ist es somit unablässig, den Ausbau treibhausarmer Energie in jeder Technologie (außer der nuklearen) und in jedem Sektor voranzutreiben.

Bezogen auf die eigentliche Windenergie, die zurzeit weltweit ca. 8 % der Elektrizität bereitstellt, die ihrerseits etwa 20 % des gesamten Energieverbrauchs darstellt, gibt es somit ein enormes Wachstumspotenzial. Deutschlands und Europas Ziele sind jedoch ambitionierter als das, was überhaupt machbar erscheint. Wurden in den letzten Jahren ungefähr 18 GW neue Kapazität pro Jahr installiert, so stellt das nur die Hälfte dessen dar, was zum Erreichen selbst gestellter Ziele im Rahmen des „green deals" notwendig wäre. Gleiches gilt für Deutschland allein. Zunächst bedeutet dies, dass Solarenergie und Windkraft keine Konkurrenten sind, sondern sich im Verbund ergänzen. Gleiches gilt für den Ausbau an Land und auf See. Beides steht vor eigenen Herausforderungen, wobei ein gemeinsames Problem darin besteht, überhaupt die notwendigen Produktionskapazitäten von mehr als 300 GW pro Jahr darstellen zu können. Bedingt durch ungünstig lange Preisbindungen bei gleichzeitig starken Anstiegen der Rohstoffpreis kämpfen viele – auch namhafte – Hersteller zurzeit mit negativen Bilanzen, sodass an einen Ausbau der Kapazitäten nicht zu denken ist. Ob die reine Anlagentechnik, die onshore zurzeit bei etwa 7 MW und offshore bei etwa 15 MW angelangt ist, weiteres Größenwachstum zulässt, ist Gegenstand aktueller Untersuchungen. So wie vor 30 Jahren 10-MW-Anlagen unvorstellbar waren, mag es jetzt mit den 50-MW-Anlagen, deren Blatt 250 m lang sein soll (mit einer Masse von knapp unter 400 to) sein. Andererseits zeigt das Beispiel des Airbus A380, dass sich die Bedingungen im Markt durchaus während (zu) langer Entwicklungszeiten ändern oder sogar umschlagen können.

17

Rückblick: Windkraft vor 1990

Abb. 17.1 Graphical Abstract Kap. 17

Der Vollständigkeit halber sei hier noch ein kurzer Abriss der Entwicklung der Windenergie bis 1990 skizziert: Segelboote und Windmühlen durchliefen eine stetige, aber langsame Entwicklung handwerklicher Art über Jahrhunderte hinweg. Eine vergleichsweise frühe (1759) wissenschaftlichen Untersuchung (mehrere hundert Jahre vor der von Rankine) mit dem Titel *„An experimental Enquiry concerning the natural Powers of Water and Wind to turn Mills, and other Machines, depending on a circular Motion. By. Mr. J. Smeaton, F.R.S)*, zu Deutsch etwa: *„Eine experimentelle Untersuchung bezogen auf die natürlichen Kräfte des Wassers und Windes zum Drehen von Mühlen und anderen von kreisförmiger Bewegung abhängigen Maschinen"*, ist in vielerlei Hinsicht bemerkenswert. Sie ist auch heute noch sehr lesenswert und enthält sehr systematische Untersuchungen. Unter anderem fand Smeaton heraus, dass die Leistung mit der umstrichenen Fläche und der dritten Potenz der Windgeschwindigkeit wächst (Smeaton 1759). Angesichts des Zustandes und der Verbreitung der technischen Mechanik zu dieser Zeit eine absolut unberechtigt in Vergessenheit geratene Leistung. Erst etwa hundert Jahre später, also in der Mitte des 19. Jahrhunderts, setzte ausgehend von Großbritannien eine wissenschaftliche Durchdringung technischer Fächer und somit auch des Maschinenbaus ein, die mit der Gründung des Deutschen Reiches 1870 auch Deutschland erreichte. Besonders eindrucksvoll war die Entwicklung des Flugzeugbaus seit dem beginnenden 20. Jahrhundert, der zwar nicht ohne Auswirkungen auf die Windenergie war, aber durch die rasche Entwicklung der Verbrennungsmotoren in den Hintergrund gedrängt wurde, die mehr und mehr die alten Windmühlen ersetzten. Auch wenn es einige wenige Entwickler gab, die versuchten die Ergebnisse der Flugzeugpropellerbaus auf Windmühlen zu übertragen, ist es nicht verwunderlich, dass die Zeit zwischen den Weltkriegen insgesamt eher ohne Durchbrüche verlief. Als Ausnahme mag die schöne und heute immer noch lesbare Zusammenfassung des (eher theoretischen) Wissens von Hermann Glauert aus dem Jahr 1935 gelten (Glauert 1935). In den 1950er und 1960 Jahren wurden hier und da Forschungsanlagen entwickelt, aus denen (z. B.) die berühmte Gedser-Turbine, die als Prototyp des Dänischen Konzeptes gelten darf, und vielleicht die StGW-34 auf der Schwäbischen Alb, entworfen von Ulrich Hütter. Initialzündung für die moderne Entwicklung war die Energiekrise von 1973. In den USA wurden unter der Leitung der NASA die *MOD experimental wind turbines* entwickelt. Etwas später kam der GROWIAN. Der dänische Anlagenbauer VESTAS wählte im Gegensatz zu den großen Sprüngen einen eher evolutionären Weg. Zwischen 1981 und 1997 wurden neun Typen entwickelt, von 15 m Rotordurchmesser (55 kW Nennleistung) bis 47 m und 660 kW Leistung. Nationale und europäische Förderprogramme halfen, insbesondere die ersten Megawatt-Turbinen marktfähig zu machen.

Heute leistet die Windenergie einen relevanten, integrativen Beitrag zur Energieversorgung im Rahmen der Nachhaltigkeitsziele, insbesondere SDG 17: Bezahlbare und saubere Energie.

Literatur

Smeaton J (1759) An experimental Enquiry concerning the natural Powers of Water and Wind to turn Mills, and other Machines, depending on a circular Motion. By. Mr. J. Smeaton, F.R.S)

Glauert H (1935) *Airplane Propellers*, in: W.F. Durand (Hrsg.), Aerodynamic Theory, Vol. IV, Springer, Berlin

GPSR Compliance
The European Union's (EU) General Product Safety Regulation (GPSR) is a set of rules that requires consumer products to be safe and our obligations to ensure this.

If you have any concerns about our products, you can contact us on

ProductSafety@springernature.com

In case Publisher is established outside the EU, the EU authorized representative is:

Springer Nature Customer Service Center GmbH
Europaplatz 3
69115 Heidelberg, Germany

www.ingramcontent.com/pod-product-compliance
Lightning Source LLC
LaVergne TN
LVHW020349260326
834688LV00045B/1616